LE

CALCUL DES PROBABILITÉS

ET

SES APPLICATIONS.

46704 PARIS. — IMPRIMERIE GAUTHIER-VILLARS,
Quai des Grands-Augustins, 55.

LE

CALCUL DES PROBABILITÉS

ET

SES APPLICATIONS

PAR

E. CARVALLO,

DIRECTEUR DES ÉTUDES A L'ÉCOLE POLYTECHNIQUE.

PARIS,

GAUTHIER-VILLARS, IMPRIMEUR-LIBRAIRE

DU BUREAU DES LONGITUDES, DE L'ÉCOLE POLYTECHNIQUE,

Quai des Grands-Augustins, 55.

—

1912

PRÉFACE.

Les Livres sur le Calcul des Probabilités ne manquent pas. En voici un de plus. Pourquoi ? Parce qu'il répond à un besoin. Je dois d'abord le montrer ; dans ce but, je citerai deux faits.

En 1907, le Service de la Statistique générale de la France ayant à recruter des statisticiens, le chef du service, M. March, ouvrit un concours. Il me fit l'honneur de m'appeler dans son jury pour y examiner les candidats sur les Mathématiques. Plutôt que la force et l'habileté dans cette matière, il me fut expressément recommandé de rechercher l'intelligence et la culture générale. Tout ce qu'on demandait en Mathématiques, c'était d'en savoir assez pour comprendre les méthodes de la statistique qui sont fondées sur le Calcul des Probabilités. L'Ouvrage de Cournot, dans ses parties essentielles, devait servir de base à l'examen.

Des polytechniciens se présentèrent, en concurrence avec d'autres candidats qui n'avaient pas fait d'études spéciales sur les Mathématiques.

Le calcul statistique, proposé par M. March, ne fut convenablement fait que par les polytechniciens. Les autres candidats eurent des compositions mauvaises. Quoiqu'ayant eu tout loisir pour étudier l'Ouvrage de Cournot qui leur avait été désigné longtemps à l'avance comme le but final de leur effort technique, ils n'entendaient rien aux Probabilités.

Il faut conclure de cette épreuve que, malgré ses admirables qualités d'exposition, le Livre de Cournot est encore incompréhensible pour les personnes qui ne sont pas spécialement versées dans les Mathématiques. Et pourtant, M. March avait eu bien raison de le choisir pour les examens ; car, malgré sa date ancienne, ce Livre est encore aujourd'hui le meilleur aux points de vue du bon équilibre de la composition de l'Ouvrage, du choix des matières, de la clarté d'exposition, de la discussion des principes et des applications.

Un nouveau Livre est donc souhaitable. Équivalent à celui de Cournot au point de vue technique, plus moderne cependant, il doit être accessible aux personnes qui ne connaissent des Mathématiques que ce qui fait partie de la culture générale commune à tous les hommes instruits.

Un deuxième fait est venu confirmer la nécessité d'un tel Livre : C'est le choix du sujet proposé par l'Académie Royale des Sciences de Madrid pour le concours de 1910 sur les Sciences mathématiques. Voici la traduction de l'énoncé :

Exposé clair et simple du Calcul des Probabilités :

Le Livre doit être écrit correctement, d'un style simple et didactique, et avoir pour but de vulgariser cette importante branche des Mathématiques.

Il doit comprendre les principes fondamentaux du Calcul des Probabilités, avec ses multiples applications, exposés de manière à être compris et utilisés par des personnes qui ne connaissent que les Mathématiques élémentaires. En tous cas, les formules d'Analyse supérieure pourront être réunies, en même temps que les Tables numériques les plus usuelles, dans un appendice placé à la fin de l'Ouvrage. Dans le texte, il conviendra toutefois d'illustrer la théorie par des exemples numériques appropriés.

On veut en somme mettre à la portée des personnes ayant seulement une instruction générale, ou n'ayant pas fait d'étude spéciale des Mathématiques, cet instrument précieux de recherche et d'analyse, créé par les mathématiciens; bien plus qu'au mathématicien, il est nécessaire au jurisconsulte, au médecin, à l'archéologue, à l'historien, au politicien et au statisticien.

Ce texte, en signalant une lacune, en précisant un but, détermine le programme du Livre à faire. Proposé par l'Espagne, il convient aussi bien à la France et aux autres pays.

Les difficultés mathématiques abondent dans le Calcul des Probabilités. Pour les éviter, il faut les bien connaître.

Il y a d'abord celles qu'on rencontre dans l'énumération des chances des divers problèmes qu'on peut se proposer. De ces problèmes, la théorie des jeux en fournit tant qu'on veut, puisque les combinaisons arbitraires sont illimitées. Ils offrent une riche moisson d'artifices ingénieux, de solutions élégantes, de paradoxes surprenants. Il ne faut donc pas s'étonner de les trouver accumulés, comme à plaisir, dans certains Ouvrages de géomètres habiles tels que Joseph Bertrand. Heureusement, si leur séduction est grande pour les mathématiciens, leur inutilité est certaine pour la plupart des travailleurs. Il est donc aussi opportun qu'aisé d'éviter les difficultés que je viens de signaler, en supprimant la théorie des jeux. On en retiendra seulement les exemples qui, par leur simplicité, se prêtent aux définitions les plus claires et aux explications les plus intuitives.

Examinons maintenant notre sujet lui-même, la *méthode statistique :* impossible de l'aborder sans le théorème de Bernoulli, car ce théorème est le fondement de la méthode. Impossible de démontrer le théorème de Bernoulli sans *les combinaisons, la fonction exponentielle et les logarithmes, le calcul différentiel et intégral.* Et il ne suffit pas de connaître ces théories; il faut encore être d'une certaine force pour suivre la démonstration du théorème de Bernoulli. Tout cela exige qu'on soit, en un mot, *mathématicien.* « Que nul n'entre ici s'il n'est géomètre » pourrait servir d'épigraphe aux traités sur le Calcul des Probabilités.

Le programme proposé par l'Académie de Madrid serait-il donc impossible à remplir? Non et voici pourquoi : il y a des faits mathématiques, Hermite se plaisait à le dire, comme il y a des phénomènes naturels. L'observation sert à les découvrir et à les comprendre, tandis que la méthode déductive sert à les prouver. *Prouver* et *comprendre* sont deux choses différentes. Un exemple simple suffit à l'expliquer : quand je calcule en nombre décimal le quotient de deux nombres entiers, l'opération se termine ou bien elle se reproduit périodiquement; la période peut alors commencer dès le début de l'opération ou venir seulement après une partie irrégulière. Sur des exemples, il est facile d'observer les trois cas et de voir qu'ils correspondent à ceux qu'on peut imaginer relativement à la présence des facteurs de 10 au dénominateur de la fraction ordinaire supposée réduite à sa plus simple expression : 1° facteurs de 10 seuls; 2° absence de ces facteurs; 3° mélange de ces facteurs avec d'autres. Le fait de la correspondance est un théorème. Sans savoir le prouver, vous pouvez faire des applications. Par la pratique, vous arriverez à connaître le sujet, mieux que par un raisonnement abstrait. Encore celui-ci est-il, dans notre exemple, simple et lumineux.

Dans la théorie des Probabilités, au contraire, ce ne sont que transformations artificielles et formules compliquées, encombrant l'esprit sans montrer la raison des choses. Voyez la formule de Stirling, par exemple : elle est nécessaire à la théorie, comme à la pratique des calculs; lisez la démonstration; que vous soyez ou non capable de la suivre, vous n'en tirerez que fatigue ou ennui. Quelques exemples numériques feraient bien mieux votre affaire.

Préférer l'enseignement par l'exemple aux démonstrations abstraites, élaguer de celles-ci la partie formelle pour n'en garder que ce qui touche à la raison des choses, profiter de l'allégement qui résulte de ces simplifications, pour discuter au fond la signification des théories, leur pouvoir de découverte, l'étendue et les limites de leur domaine, tel est notre programme, en ce qui concerne l'exposition de la méthode. Quant à l'application, elle doit aborder toutes les branches utiles et le faire par un procédé uniforme, aussi simple que possible.

Ces généralités suffisent à la préface. Si l'on veut des précisions sur le plan de l'Ouvrage et les nouveautés de détail qu'il renferme, on les trouvera dans la Table des matières. Ce sont notamment : la courbe de l'intégrale de Bernoulli substituée à la courbe en chapeau de gendarme qui représente sa dérivée; l'écart étalon substitué à l'écart probable; une méthode pour apprécier la valeur d'une série statistique; une étude approfondie sur la masculinité dans les naissances humaines, avec des observations nouvelles et concluantes; un exposé assez complet de l'état actuel des Tables de mortalité; des observations curieuses sur la statistique des tailles des conscrits, sur les erreurs dans les mesures expérimentales, sur la recherche des causes. Signalons enfin un exposé des méthodes d'ajustement. Dans cette question seulement, j'ai cru devoir donner les démonstrations mathématiques, parce qu'elles sont faciles et peu répandues dans les traités classiques. Le lecteur pourra les passer si elles lui paraissent alourdir la marche de son étude.

LE

CALCUL DES PROBABILITÉS

ET SES APPLICATIONS.

CHAPITRE I.

LES PRINCIPES.

---

§ 1. — LA LOI DU HASARD.

1. Le hasard a sa loi. — Elle est à ce point nette et permanente qu'elle définit le hasard et sert à reconnaître les causes qui viennent le troubler.

Je m'expliquerai sur un exemple vulgaire.

2. Exemple. — Chacun connaît les dés à jouer, petits cubes dont les faces sont numérotées de 1 à 6. Un dé est jeté en l'air et tombe; quelle face montrera-t-il? Aucune loi ne permet de le prévoir; mais qu'on joue un grand nombre de parties, 600 par exemple, la loi se manifeste : les diverses faces se montreront avec des fréquences à peu près égales, chaque face environ 100 fois. Que la loi soit mise en défaut, le joueur sera justement en défiance.

« Un jour [1], à Naples, un homme de la Basilicate, en présence de l'abbé Galiani, agita trois dés dans un cornet et paria d'amener *rafle de six;* il l'amena sur le champ. Cette chance est possible, dit-on; l'homme réussit une seconde fois, et l'on répéta la même chose; il remit les dés dans le cornet trois, quatre, cinq fois, et toujours rafle de six. *Sangue de Bacco,* s'écria l'abbé, *les dés sont pipés!* et ils l'étaient. »

---

(1) J. Bertrand, *Calcul des probabilités*, Gauthier-Villars, 1889. Préface, p. VII.

La loi dont l'intuition faisait jurer l'abbé s'impose à tous d'une façon plus ou moins vague, mais sa raison d'être et ses conséquences nombreuses sont généralement ignorées. Pourtant leur importance scientifique et sociale est considérable. Afin de les poursuivre, il convient de préciser les termes de la loi du hasard.

3. **La fréquence.** — Dans l'exemple des dés (nº 2), sur 600 *épreuves*, l'*événement* qui consiste dans l'apparition de la face 1, par exemple, se présente environ 100 fois; sur 6000 épreuves le même événement se présenterait environ 1000 fois. Les deux chiffres diffèrent; mais une chose demeure la même : dans les deux cas, le nombre des apparitions de la face 1 est $\frac{1}{6}$ du nombre des épreuves. La fraction $\frac{1}{6}$ définit parfaitement l'idée que nous avons de la *fréquence* de la face 1. Ainsi, il convient d'adopter la définition suivante :

Dans des épreuves répétées, la fréquence d'un événement est la fraction obtenue en divisant le nombre des apparitions de cet événement par le nombre des épreuves effectuées. D'après cela, la fréquence est une fraction *proprement dite*, c'est-à-dire comprise entre 0 et 1. Toutefois elle peut exceptionnellement prendre ses valeurs limites, la valeur 1 quand l'événement poursuivi s'est présenté à chaque épreuve, la valeur 0 quand l'événement ne s'est produit à aucune des épreuves effectuées.

La définition de la fréquence, étant purement objective, ne présente aucune difficulté. Il suffit de savoir compter. Il n'en est pas de même de la définition suivante où réside toute la difficulté de la théorie des probabilités.

4. **Les événements également possibles.** — D'où vient que, dans le jeu des dés, la fréquence de la face 1 est représentée approximativement par la fraction $\frac{1}{6}$? C'est, nous l'avons dit, de l'égale fréquence des 6 faces, et cette égale fréquence vient de leur *égale possibilité*. Mais supposons que les deux premières faces, celles qui portaient les numéros 1 et 2, soient désormais marquées 1, les autres conservant leurs numéros 3, 4, 5, 6; la fréquence d'apparition du chiffre 1 serait doublée, elle deviendrait $\frac{2}{6}$, alors que la fréquence demeurerait $\frac{1}{6}$ pour chacun des autres chiffres. C'est que les divers chiffres ne sont plus *également possibles*. Le chiffre 1 est possible de deux façons, je veux dire par l'apparition de la

première ou de la deuxième face ; au contraire, les autres chiffres sont possibles chacun d'une seule façon et les 6 façons sont *également possibles.*

Plus généralement :

Dans une épreuve, deux événements sont dits également possibles, si aucune circonstance ne favorise l'un plutôt que l'autre.

Dans ce cas, et dans ce cas seulement, l'épreuve répétée un grand nombre de fois donne sensiblement la même fréquence aux deux événements.

Mais peut-on jamais affirmer en toute certitude que deux événements sont également possibles ? Dans le cas des dés de l'abbé Galiani, les forces naturelles appelaient la face 6 beaucoup plus que la face 1 parce que les dés étaient *pipés*. Or ne le sont-ils pas toujours un peu ? La perfection n'étant pas dans nos moyens, toujours il y aura des inégalités entre les six faces d'un dé. Peu importe, l'expérience nous enseigne que si le dé est bien fait, les inégalités sont négligeables devant les conditions multiplement changeantes d'une épreuve à l'autre. Mais que dire s'il s'agit de la prévision de la pluie ou du beau temps, de la condamnation ou de l'acquittement d'un accusé ? Ces problèmes échappent à la théorie des probabilités faute de pouvoir définir avec quelque exactitude les événements *également possibles.* D'autres problèmes sont compris entre les deux exemples extrêmes que je viens de citer, l'exemple des dés et celui de la justice ; plus l'estimation des cas également possibles sera juste, plus l'application de la théorie sera voisine de la vérité.

5. **La probabilité.** — Désormais, avec le nouveau dé dont les deux premières faces sont numérotées 1, les fractions $\frac{2}{6}$ et $\frac{1}{6}$ sont celles qu'on doit prévoir respectivement pour la fréquence approximative du chiffre 1 d'abord, puis de chacun des autres chiffres 3, 4, 5, 6. A cause de cette prévision, le nom de *probabilité* convient bien aux fractions $\frac{2}{6}$ et $\frac{1}{6}$, pour caractériser la chance d'apparition du chiffre 1, puis de chacun des autres chiffres. Ainsi :

Dans une épreuve où tous les cas qu'elle peut offrir sont également possibles, la probabilité d'un événement déterminé est la fraction obtenue en divisant le nombre des cas favorables à cet événement par le nombre des cas possibles.

D'après cela, la probabilité est une fraction comprise entre 0 et 1. Exceptionnellement, elle peut atteindre ses limites. Elle prend la valeur 1 si tous les cas possibles sont favorables à l'événement poursuivi. La probabilité *un* correspond donc à la *certitude*. Elle prend la valeur 0 quand aucun des cas également possibles n'amène l'événement envisagé. La probabilité *zéro* équivaut donc à l'*impossibilité*.

La définition de la probabilité est délicate.

D'abord la définition exige qu'on sache définir avec exactitude les événements également possibles et c'est là, nous l'avons dit, un point qui demeure toujours plus ou moins douteux. Supposons ce point acquis. Désormais la probabilité est purement objective; il suffit de compter. Rien de plus simple en principe, mais pratiquement l'opération est souvent compliquée et remplie de pièges où les plus habiles se laissent prendre. Le calcul de la probabilité ou, comme on dit, l'*énumération des chances* demande donc souvent un esprit subtil et un calculateur exercé. Montrons-le sur des exemples.

6. **Énumération des chances.** — Au jeu de dé (n° 2), je parie pour la face 6. *Deux* cas sont *possibles :* je peux perdre ou gagner. *Un* seul cas est *favorable,* celui du gain. Le rapport des deux nombres est $\frac{1}{2}$. La probabilité de gagner serait-elle $\frac{1}{2}$? Non, car seule la sortie de face 6 me fait gagner, tandis que je peux perdre par la sortie des cinq autres faces et les six faces sont *également possibles.*

Ma probabilité de gagner est $\frac{1}{6}$ et non pas $\frac{1}{2}$; ma probabilité de perdre est $\frac{5}{6}$.

La fausseté du nombre $\frac{1}{2}$ est ici manifeste et le résultat exact $\frac{1}{6}$ est facile à trouver; mais voici un cas à la fois plus subtil et plus compliqué. C'est le jeu de passe-dix.

Je jette trois dés et je gagne si la somme des points surpasse dix. L'énumération des chances est compliquée [1]. Elle montre

[1] Un raisonnement simple permet d'arriver à la probabilité $\frac{1}{2}$ en évitant l'énumération compliquée des chances :

que la probabilité de gagner est $\frac{1}{2}$. L'expérience souvent répétée est d'accord avec le calcul. La fréquence du gain est en effet toujours voisine de $\frac{1}{2}$. Un ami de Galilée qui pratiquait ce jeu s'étonnait de gagner plus souvent par la somme 11 que par 12 et de perdre plus souvent par 10 que par 9. Pourtant, observait-il, les quatre nombres 9, 10, 11, 12 peuvent arriver chacun de six façons. Le total 9, par exemple, est amené par les six combinaisons suivantes des trois dés :

6	5	5	4	4	3
2	3	2	4	3	3
1	1	2	1	2	3
—	—	—	—	—	—
9	9	9	9	9	9

On voit de même que les chiffres 10, 11, 12 donnent lieu chacun à six cas. Dès lors, les totaux 9, 10, 11 et 12 devraient, semble-t-il, avoir une égale fréquence.

Quelle cause altérait donc la loi présumée du hasard?

Galilée consulté observa que le compte est mal fait, parce que les 6 cas envisagés ne sont pas *également possibles*. Supposez en effet que les dés soient numérotés I, II, III, afin de les reconnaître : la combinaison (3, 3, 3) ne peut se présenter que d'une seule façon : chacun des dés doit marquer 3. Au contraire, la combinaison (5, 2, 2) peut se produire de trois façons différentes suivant que c'est le dé I ou le dé II ou le dé III qui montre la face 5. Ces trois cas ont chacun *la même possibilité* que la combinaison (3, 3, 3). Dans la pratique du jeu, la fréquence de la combinaison (5, 2, 2) doit se montrer triple de la fréquence de (3, 3, 3). La combinaison

---

Les six faces forment trois couples de deux faces opposées et le total des deux chiffres de chaque couple fait 7

Premier couple.	Deuxième couple.	Troisième couple.
1	2	3
6	5	4

Je fais un coup de trois dés et je gagne. C'est que le total des trois points est 11 ou au delà. A ce coup, je peux faire correspondre celui des faces opposées. Chacune d'elles offre le complément à 7 de la face sortie au premier coup. Le total du second coup est donc le complément du premier coup à $3 \times 7 = 21$. C'est 10 ou moins de 10. Le coup est perdant. Ainsi tous les coups possibles, et ils sont nombreux, se groupent deux par deux, l'un gagnant, l'autre perdant. La probabilité de gagner est donc bien $\frac{1}{2}$.

(4, 4, 1) correspond aussi à trois cas. Soit, jusqu'ici, 1 + 3 + 3 cas également possibles. Restent les combinaisons (6, 2, 1), (5,3,1), (4, 3, 2) dont les trois chiffres diffèrent. Suivant l'ordre de sortie des chiffres sur les trois dés numérotés, elles peuvent se produire chacune de six manières. La chose peut être aisément vérifiée. Soit 6 + 6 + 6 nouveaux cas. Au total, le nombre des cas également possibles qui amènent la somme 9 est

$$6 + 6 + 6 + 3 + 3 + 1 = 25,$$

et non pas 6 comme on l'avait cru d'abord.

Les cas favorables à 10 doivent être comptés avec le même soin dans le Tableau suivant :

	6	6	5	5	4	4
	3	2	4	3	4	3
	1	2	1	2	2	3
Totaux...	10	10	10	10	10	10

On y trouve 27 cas favorables à 10, tandis qu'on vient de trouver 25 cas favorables à 9; et tous ces cas sont également possibles. La probabilité d'amener 10 est, on le voit, plus grande que celle d'amener 9. Ainsi se trouve expliquée la fréquence plus grande du nombre 10 qui étonnait l'ami de Galilée. Elle confirme la loi du hasard, loin de la mettre en défaut.

Cette loi dont nous avons donné l'intuition par l'exemple des dés, nous pouvons maintenant la préciser de la façon suivante.

7. Énoncé de la loi du hasard. — *Dans une série d'épreuves répétées en grand nombre, chacun des événements possibles offre une fréquence qui est sensiblement égale à sa probabilité. L'approximation relative augmente rapidement à mesure que les épreuves sont plus nombreuses.*

Quelques commentaires sont utiles à la juste interprétation de la loi.

La probabilité d'un événement est un nombre fixe. Il peut être calculé *a priori* dès qu'on a défini avec précision *les conditions de l'épreuve* et *les cas également possibles*. La définition est celle du n° 5; au jeu de pile ou face, la probabilité de face est exactement $\frac{1}{2}$.

Au contraire, la fréquence de face dans une série d'épreuves est un nombre qui varie d'une série à l'autre. Pour une courte série, de trois coups par exemple, face pourra ne pas se montrer du tout ou se montrer 1, 2 ou 3 fois. La fréquence de face pourra donc être 0, $\frac{1}{3}$, $\frac{2}{3}$, ou enfin $\frac{3}{3} = 1$.

La série de 3 coups est trop courte; la loi ne se vérifie pas encore. Toutefois, si l'on fait de nombreuses séries de trois coups, les fréquences $\frac{2}{3}$ et $\frac{1}{3}$ seront également nombreuses, à peu près, et chacune d'elles sera trois fois plus nombreuse que les fréquences 0 et 1; c'est le fait d'expérience. La raison en est que la fréquence 0, par exemple, ne peut être obtenue que d'une seule façon, par pile aux trois coups; la fréquence $\frac{1}{3}$ peut au contraire être obtenue de trois façons, suivant que face sort au premier coup, au deuxième ou au troisième. De même, pour la fréquence $\frac{2}{3}$. Le hasard, s'il se montre *équitable* entre les divers cas *également possibles* fournira les fréquences $\frac{1}{3}$ et $\frac{2}{3}$ trois fois plus souvent que les fréquences 0 et 1. Dans l'explication que je viens de donner, on peut trouver la raison de la loi du hasard, comme nous le verrons.

Allongeons la série, faisons 100 épreuves; 101 cas sont possibles, face se montrant un nombre de fois qui peut varier de 0 à 100; la fréquence admet donc 101 valeurs possibles qui sont tous les nombres de centièmes depuis $\frac{0}{100}$ jusqu'à $\frac{100}{100}$. Mais ces valeurs ne sont pas *également possibles* : qu'on fasse plusieurs séries, les fréquences extrêmes voisines de $\frac{0}{100}$ et de $\frac{100}{100}$ ne se présentent pas, c'est le fait d'expérience. Les fréquences voisines de $\frac{50}{100}$ se présentent au contraire le plus souvent. La raison est qu'elles peuvent être obtenues d'un nombre immense de façons, tandis que la fréquence 0, par exemple, ne peut être obtenue que d'une seule manière, par la sortie de face aux 100 épreuves. On peut préciser ces faits et en trouver la raison dans la probabilité des événements considérés.

C'est ce que nous allons faire dans les numéros suivants, après avoir introduit des notions nouvelles.

8. L'écart d'une série. — Réalisons des séries de 100 épreuves à pile ou face; 8 séries sur 10 environ donnent face de 43 à 57 fois. Autrement dit, 8 fois sur 10 la fréquence de face sera comprise entre 0,43 et 0,57; autrement dit encore, 8 fois sur 10 l'écart entre cette fréquence et la probabilité 0,5 sera inférieur à 0,07. Cet écart est ce qu'on appelle l'*écart de la série.*

Ainsi, dans la poursuite d'un événement déterminé par des épreuves répétées du hasard, l'*écart d'une série d'épreuves est la différence entre la probabilité de l'événement poursuivi et la fréquence de l'apparition du même événement dans la série.*

L'écart de la série joue un rôle prépondérant dans les applications scientifiques du calcul des probabilités. Il obéit à une loi qui fait l'objet d'un théorème célèbre de Bernoulli.

Il faut donc, dans la théorie des probabilités et dans ses applications, avoir constamment présente à l'esprit la définition de l'écart d'une série et des deux termes qui, par leur différence, constituent cet écart. Ces deux termes, on ne saurait trop le répéter, ont des natures presque opposées :

La *probabilité* de l'événement poursuivi est le quotient obtenu en divisant le nombre des cas favorables par le nombre des cas *également possibles.* Elle a un caractère spéculatif et son existence objective est toujours douteuse, parce qu'on n'est jamais certain que les divers cas envisagés sont également possibles. Là est toute la difficulté de la théorie. Mais une fois admis que les divers cas énumérés sont également possibles, la probabilité de l'événement poursuivi a une valeur immuable, fixée par un chiffre.

Au contraire, la *fréquence* d'apparition de l'événement poursuivi dans une série d'épreuves observées a une valeur objective toujours certaine, mais cette valeur change presque toujours d'une série à une autre.

Ainsi, l'écart d'une série d'épreuves répétées est la différence entre un nombre fixe et un nombre qui est variable d'une série à une autre; le nombre fixe est la probabilité : le nombre variable est la fréquence de l'événement poursuivi.

Les changements de la fréquence entraînent les cnangements de l'écart. Inversement, pour faire connaître la fréquence, il suffit de faire connaître l'écart, pourvu que la probabilité soit d'ailleurs connue. Ainsi, quand je dis « 8 fois sur 10 l'écart d'une série de 100 épreuves à pile ou face est inférieur à 0,07 », je vous apprends que 8 fois sur 10 la fréquence de face dans la série de 100 épreuves est comprise entre 0,43 et 0,57.

9. Fréquences des écarts. Probabilités de ces écarts d'après Bernoulli. — Qu'on expérimente, à pile ou face, des séries toujours plus longues ; les écarts diminuent, les fréquences se resserrent autour de $\frac{1}{2}$. Précisons : Après des séries de 100 épreuves, faisons des séries 100 fois plus longues, des séries de 10000 épreuves ; 8 fois sur 10 encore, l'écart de la série sera inférieur, non plus à 0,07, mais au nombre 10 fois plus petit 0,007 ; $\frac{48}{10}$ est la fréquence des écarts inférieurs à 0,07 dans les séries de 100 épreuves ; c'est aussi la fréquence des écarts inférieurs à 0,007 dans les séries de 10000 épreuves.

D'où viennent ces chiffres ? De l'expérience, si l'on veut, car ils sont vérifiés par elle. Une telle vérification a été faite par Buffon. Quételet (1), de son côté, a fait une étude expérimentale sur 4096 tirages au sort dans un sac composé de 40 boules blanches et 40 noires. Les lois ressortent des chiffres observés. Mais, sans perdre de temps en longues séries d'épreuves et en statistiques interminables, on peut demander la prévision des résultats à l'énumération des chances. L'énumération se fait toujours de même. Elle se fera pour les longues séries comme nous l'avons faite pour la courte série de trois épreuves à pile ou face. Seulement elle devient plus compliquée, inabordable pour ceux qui n'ont pas acquis une habileté spéciale par la connaissance de la théorie. Heureusement, les mathématiciens ont permis d'éviter tant de peine en construisant une *Table des probabilités des écarts*. A cette Table sont empruntés les chiffres ci-dessus. Désormais, on peut multiplier les exemples à volonté, car la Table résume tous les cas imaginables relatifs aux longues séries. Toujours elle fait connaître toutes les circonstances qui accompagnent les épreuves nombreuses du hasard pourvu que les conditions de l'épreuve soient toujours pareilles et bien définies comme dans le jeu sincère des dés ou le jeu de pile ou face. La Table des probabilités des écarts a pu être construite grâce au théorème justement célèbre de Jacques Bernoulli. Renvoyant au paragraphe 2 le *développement de ce théorème*, je vais seulement en expliquer ici le caractère.

10. La portée du théorème de Bernoulli (2) et la portée de la loi du hasard. — Le théorème ne démontre pas la loi du hasard.

(1) QUÉTELET, *Recherches statistiques*. Bruxelles, 1844, p. 33 à 38.
(2) BERNOULLI, *Ars conjectandi*. Bâle, 1713.

En effet, il n'atteint pas les fréquences des événements auxquels donnent lieu les épreuves longuement répétées, mais il vise seulement les probabilités de ces événements. C'est grâce à la loi du hasard, admise comme postulat, qu'on peut prévoir approximativement les fréquences d'après les probabilités calculées.

Ainsi, nous avons affirmé que, dans un long Tableau formé avec des séries effectivement tirées de 100 épreuves à pile ou face, le côté face se montrera de 43 à 57 fois dans 8 séries sur 10. Pourquoi cette prévision ? Parce que la probabilité est 0,8 pour l'événement envisagé, à savoir qu'une série de 100 épreuves présente face de 43 à 57 fois. En d'autres termes, qu'on ait l'habileté et la patience de former le Tableau de toutes les variétés que peut fournir une série de 100 épreuves à pile ou face et que l'on compte les séries du Tableau, on trouvera un nombre immense de séries. Maintenant, qu'on mette à part les séries où face apparaît de 43 à 57 fois, on aura épuisé les $\frac{8}{10}$ du Tableau. Voilà ce qu'enseigne le théorème.

On le voit, le théorème de Bernoulli ne saurait démontrer la loi du hasard parce que cette loi est le postulat même de la théorie, mais il précise les probabilités des divers événements possibles. Le résultat du calcul est certain, car il résulte d'une énumération positive : en outre il est surprenant et jette une clarté nouvelle sur la loi du hasard elle-même.

Le théorème fait comprendre la raison de la loi. Et en effet, le calcul de Bernoulli montre que, pour une longue série d'épreuves, un écart un peu grand de la série a une probabilité ridiculement faible. Dans une série de 10000 épreuves à pile ou face, par exemple, la probabilité d'un écart supérieur à 0,007 est inférieure à 0,2 ; mais imaginez un écart seulement quadruple du précédent, un écart de 0,03, sa probabilité tombe au-dessous de 0,000.000.02. En d'autres termes, dans le Tableau des variétés que peut présenter une série de 10000 épreuves, celles qui montrent face de 4700 à 5300 fois sont immensément plus nombreuses que les autres variétés. Celles-ci n'entrent que pour 2 sur cent millions. Voilà le résultat certain du calcul. Il nous enseigne l'équivalence que voici.

Quand je dis : « Faites 10000 épreuves au jeu de pile ou face, vous tirerez face de 4700 à 5300 fois », j'affirme une chose qui, au point de vue de l'énumération des chances, est équivalente à celle-ci : « Puisez dans une urne qui contient cent millions de boules dont deux seulement sont noires et toutes les autres blanches, vous tirerez une boule blanche. »

C'est cette équivalence que nous enseigne le théorème de Bernoulli. Elle fait comprendre la raison d'être de la loi du hasard, mais ne prouve pas la loi. Le théorème ne prouve pas qu'on tirera effectivement une boule blanche et il ne peut pas le prouver; car si la noire est follement invraisemblable, elle est logiquement et matériellement possible. Qu'on tire la noire; qu'on joue à pile ou face une série de 10000 coups où face se montre plus de 5300 fois, on n'aura pas infirmé le théorème, puisque celui-ci est le résultat certain d'une énumération positive, mais on aura pris la loi du hasard en défaut par la rencontre fortuite d'un cas extraordinairement rare.

Telle est la signification exacte de la loi du hasard d'un côté; telle est, d'un autre côté, la signification très différente du théorème de Bernoulli qu'il nous faut maintenant exposer. Sa démonstration est difficile. Aussi doit-elle être réservée aux théories mathématiques. Pourtant, à cause de l'importance du théorème, j'essayerai, par mon exposition, de faire comprendre le principe de la démonstration. A mon but un calcul simple suffira. Mais, si simple qu'il soit, le calcul arrêtera les personnes qui sont tout à fait étrangères aux mathématiques. Il leur faut cependant continuer leur lecture, car les idées fondamentales seront comprises et permettront de poursuivre les applications qui, elles, sont faciles et indépendantes des difficultés de la théorie. Qu'ils ne se découragent donc pas. Tout s'éclairant par l'application, ils seront récompensés de leur persévérance par une ample moisson de résultats.

§ 2. — LE THÉORÈME DE JACQUES BERNOULLI.

11. Le problème de Bernoulli. — *On fait, à pile ou face, une série de 100 épreuves. Quelle est la probabilité que face apparaisse de 43 à 57 fois.*

Tel est, pour fixer les idées sur un exemple, *le problème de Bernoulli.* Encore que l'exemple soit simple, l'énumération des chances exige de l'attention et un peu de savoir. Qu'on augmente le nombre des épreuves, la difficulté augmente. Qu'on augmente la complication de l'épreuve soumise au hasard en prenant le jeu de passe-dix (n° 6) au lieu de pile ou face, la difficulté augmente encore. Chaque problème demande *un effort d'esprit* qui peut être grand, chaque application numérique demande *des calculs* qui peuvent être interminables.

Examinons ces deux difficultés : *le théorème de Bernoulli* supprime la première : il consiste en *une formule qui contient la réponse à tous les problèmes du même type que celui de l'énoncé*; avantage normal, car c'est le caractère même des solutions algébriques.

Mais, en ce qui concerne les applications numériques, l'avantage du théorème de Bernoulli est vraiment merveilleux : *Une seule Table numérique contient la réponse à n'importe quel problème pratique pourvu que les épreuves du hasard soient nombreuses.* Que le nombre des épreuves soit 10000 ou 20000 ou tout autre grand nombre n; que la probabilité de l'événement envisagé soit $\frac{1}{2}$ ou $\frac{1}{6}$ ou tout autre nombre p; qu'on envisage un écart de 0,01, de 0,02 ou tout autre écart x, la Table fait connaître la probabilité que la série envisagée présente un écart inférieur à x. La Table, en un mot, représente la *loi générale des probabilités des écarts* des longues séries.

La découverte de Bernoulli comprend l'ensemble des choses que je viens de dire, savoir : la solution générale de tous les problèmes du même type que celui de l'énoncé; la formule qui constitue la solution générale dans sa forme la plus condensée ; les conséquences multiples de la formule; la Table numérique qui peut la remplacer. Suivant le point de vue spécial où l'on envisage la découverte de Bernoulli, on lui donne des noms divers :

Théorème de Bernoulli; formule de Bernoulli; loi des probabilités des écarts; table des probabilités des écarts; loi des grands nombres.

Dans ce paragraphe, j'exposerai les principes qui servent à résoudre le problème de Bernoulli; dans le suivant, j'exposerai la loi des écarts qui résulte de son théorème, la mise en Table de la formule et l'utilisation pratique de la Table des écarts.

12. Variétés également possibles des parties de 100 coups à pile ou face. — Le premier coup admet deux variétés possibles, pile ou face. A chacun de ces deux événements le deuxième coup peut faire succéder encore pile ou face, au total $2 \times 2 = 4$ *variétés également possibles* pour une série de 2 coups. Elles sont résumées (¹) dans le Tableau suivant :

1re épreuve.	2e épreuve.	
Pile avec........	pile	(1)
	ou face	(2)
Face avec.......	pile	(3)
	ou face	(4)

De même, à chacun de ces quatre événements peuvent succéder, en troisième épreuve, pile ou face, soit au total $2 \times 2 \times 2 = 8$ événements distincts, etc.

On voit ainsi que les 100 épreuves peuvent donner lieu à un nombre considérable de variétés *également possibles*. On obtient ce nombre en faisant le produit de 100 multiplicateurs égaux à 2, produit qu'on représente par 2^{100}.

13. Cas favorables à 43 sorties de face. — Que face se présente aux 43 *premières* épreuves, par exemple, et pile aux 57 *dernières*, voilà, parmi les 2^{100} cas également possibles, un de ceux qui sont favorables à l'événement de l'énoncé. Que face sorte aux 43 *dernières* épreuves et pile aux 57 *premières*, c'est un second cas, pris parmi les 2^{100} cas également possibles; lui aussi est favorable à l'événement de l'énoncé. Il y en a beaucoup d'autres. Pour les avoir, il suffit de numéroter les coups de 1 à 100 et de marquer face à 43 des numéros. Les *combinaisons* qu'on obtient ainsi en choisissant 43 objets parmi 100 objets donnés sont difficiles à compter. Dans les cours d'Algèbre, on désigne leur nombre par C_{100}^{43} et l'on établit que ce nombre est exactement donné par la règle suivante :

Faites d'abord le produit des 43 premiers nombres. Autrement

(¹) Ici, comme dans le problème de Galilée, une distinction subtile est faite et doit être faite : les variétés (2) et (3) sont distinctes quoique toutes deux amènent pile une fois et face une fois; (pile, face) est une variété différente de (face, pile). Ces deux cas sont *également possibles* et ils ont chacun la *même possibilité* que (pile, pile) ou que (face, face). Si donc on fait des parties de deux coups les parties où face sort une fois et pile une fois sont deux fois plus fréquentes que les parties où face sort deux fois; deux fois plus fréquentes aussi que les parties où pile sort deux fois.

dit, faites le produit $1 \times 2 = 2$; multipliez le résultat par 3; $2 \times 3 = 6$; multipliez le nouveau résultat par 4; $6 \times 4 = 24$; et ainsi de suite jusqu'au multiplicateur 43. La dernière multiplication, par 43, donne un produit. C'est le *produit des 43 premiers nombres entiers*. On le désigne par P_{43} [1]. On prend ensuite le complément de 43 à 100; c'est $100 - 43 = 57$ et l'on forme le produit des 57 premiers nombres entiers P_{57}. On fait le produit des deux résultats obtenus $P_{43} \times P_{57}$. Le nouveau résultat sert de diviseur, le dividende étant le produit des 100 premiers nombres P_{100} qu'il faut aussi calculer.

Le quotient $\frac{P_{100}}{P_{43} \times P_{57}}$ est le nombre cherché des combinaisons qu'on obtient en choisissant, de toutes les façons possibles, 43 objets parmi 100 objets donnés. Ce nombre est donc représenté par la formule

$$C_{100}^{43} = \frac{P_{100}}{P_{43} \times P_{57}}.$$

14. Cas favorables à la sortie de face de 43 à 57 fois. — Nous venons de le voir, les cas qui font apparaître face 43 fois sont en nombre

$$(1) \qquad C_{100}^{43} = \frac{P_{100}}{P_{43} \times P_{57}}.$$

Les cas qui font apparaître face 44 fois sont de même en nombre

$$(2) \qquad C_{100}^{44} = \frac{P_{100}}{P_{44} \times P_{56}},$$

et ainsi de suite jusqu'au nombre

$$(3) \qquad C_{100}^{57} = \frac{P_{100}}{P_{57} \times P_{43}},$$

lequel représente, dans le Tableau des 2^{100} variétés possibles des séries de 100 épreuves, le nombre des séries qui contiennent face 57 fois. Il est égal au nombre C_{100}^{43} trouvé d'abord en comptant les séries qui montrent pile 57 fois (n° 13). Vérification satisfaisante, puisqu'une énumération faite pour pile est également bonne pour face.

(1) Plus généralement, si n est le dernier multiplicateur employé, le produit des premiers nombres entiers jusqu'à n est désigné par $P_n = 1.2.3\ldots n$.

En résumé, parmi les 2^{100} variétés *également possibles* de la série de 100 épreuves, le nombre des variétés favorables à l'apparition de face de 43 à 57 fois est

$$C_{100}^{43} + C_{100}^{44} + C_{100}^{45} \ldots + C_{100}^{57}.$$

Que ce nombre soit pris pour numérateur et 2^{100} pour dénominateur, on aura la fraction qui représente la probabilité de l'événement considéré : *sortie de face de 43 à 57 fois*. Je représente cette probabilité par le symbole $\mathfrak{P}_{43}^{57}$. Tout ce que je viens de dire est résumé dans la formule :

$$(4) \qquad \mathfrak{P}_{43}^{57} = \frac{C_{100}^{43} + C_{100}^{44} + \ldots + C_{100}^{57}}{2^{100}}$$

et dans les formules (1) (2), (3).

Celui qui aurait le courage de faire le calcul complet et exact trouverait une valeur voisine de 0,8. C'est le résultat que nous avons utilisé au paragraphe I (n° 8).

15. Formule de Stirling pour la simplification des calculs. — Faire la multiplication des cent premiers nombres est une chose rebutante. La formule que nous venons de trouver la réclame pourtant. Que dire, s'il fallait faire la multiplication des 10000 premiers nombres pour calculer les probabilités dans une série, non plus de 100 épreuves, mais de 10000 épreuves? Les mathématiciens, toujours féconds en ingénieux artifices, ont découvert un moyen de tourner la difficulté. C'est à Stirling qu'en revient le mérite.

D'abord, il convient d'observer qu'il n'est pas nécessaire d'avoir un résultat rigoureusement exact. Puisque la probabilité ne sert qu'à prévoir à peu près la fréquence, on peut se contenter de connaître la probabilité P_{43}^{57} à un centième près, par exemple. Il suffit pour cela d'avoir des valeurs approchées pour les produits P_{43}, P_{44}, .. P_{100} qui servent à faire le calcul. *La formule de Stirling* a précisément pour but de fournir un calcul relativement commode pour obtenir une *valeur approchée* du produit des n premiers nombres entiers, quel que soit le nombre n auquel on s'arrête. Au lieu de la formule qui conduit à un calcul interminable,

$$(1) \qquad P_n = 1 . 2 . 3 \ldots n,$$

il suffit de calculer une formule beaucoup plus commode. Le nombre obtenu n'est pas exactement P_n. Puisqu'il en diffère, je lui donnerai un autre nom que P_n; je le désignerai par S_n, empruntant la lettre S à l'initiale de *Stirling*. La formule de Stirling est

$$S_n = \left(\frac{n}{e}\right)^n \sqrt{2\pi n}. \qquad (2)$$

Bien entendu, dans la formule (2), comme dans la formule (1), le nombre n est celui des nombres où l'on veut arrêter les multiplications du produit cherché P_n. On le voit, le nombre n entre trois fois dans le calcul de la formule de Stirling. Quant aux lettres π et e, qui entrent aussi dans la formule, elles représentent deux nombres incommensurables connus :

$\pi = 3{,}14159...$ est le rapport d'une circonférence à son diamètre;
$e = 2{,}71828...$ est la base des logarithmes népériens.

Que viennent faire, dans cette évaluation du produit des n premiers nombres entiers, la circonférence et l'invention de Néper? Peu importe. Les Mathématiques apportent de ces surprises. Nous en trouverons d'autres.

La démonstration de la formule de Stirling est compliquée. Il faut la renvoyer aux théories mathématiques. Il nous suffit de savoir l'appliquer et de contrôler son degré d'exactitude.

16. Mise en nombres de la formule de Stirling. — Pour $n = 20$, par exemple, P_n est le produit des 20 premiers nombres

$$P_{20} = 1.2.3...20.$$

Je ne ferai pas ici les multiplications. Le résultat est colossal. Il s'écrit en 19 chiffres. C'est

$$P_{20} = 2432902008176640000 \quad (^1).$$

La formule de Stirling est, dans notre exemple,

$$S_{20} = \left(\frac{20}{e}\right)^{20} \sqrt{40\pi}.$$

(1) BERTRAND, p. 76, n° 56.

Le calcul se fait par logarithmes [1]. Le voici, à titre d'exemple :

$$\begin{aligned}
\log 20 &= 1,3010300 \\
\operatorname{colog} e &= \bar{1},5657055 \\
\hline
\log \frac{20}{e} &= 0,8667355 \\
40\pi &= 125,6637 \\
\log 40\pi &= 2,0992099 \\
\hline
\log\sqrt{40\pi} &= 1,0496049 \\
\log\left(\frac{20}{e}\right)^{20} &= 17,334710 \\
\hline
\log S_{20} &= 18,384315.
\end{aligned}$$

La partie entière de log S_{20} est 18. Ce fait nous apprend que le nombre S_{20} s'écrit en $18 + 1 = 19$ chiffres, comme P_{20}. On obtient les premiers chiffres en remontant du logarithme au nombre à l'aide des tables de logarithmes. On trouve

$$S_{20} = 24228\ldots$$

au lieu de

$$P_{20} = 2432902008176640000.$$

L'erreur relative, $\frac{1}{243}$ environ, est inférieure à $\frac{1}{200} = 0,005$. L'approximation est suffisante.

17. Degré d'approximation de la formule de Stirling. — Voici quelques nombres qui permettent de comparer, pour les premières valeurs de n, le produit P_n à sa valeur approchée S_n :

n........	1	2	3	4	5	...	20	...
P_n.......	1	2	6	24	120	...	2432	...
S_n.......	0,92	1,92	5,84	23,5	118	...	2422	...

Déjà, pour $n = 5$, la valeur $S_n = 118$ diffère peu de la valeur $P_n = 120$. L'erreur relative n'est que de $\frac{1}{60}$. A mesure que n grandit, l'erreur absolue grandit, il est vrai; elle grandit même au-delà de toute limite. Pour $n = 20$, l'erreur est d'une unité du troisième chiffre à partir de la gauche et cette unité représente

10000000000000000 unités simples.

(1) Le lecteur, cela est bien clair, doit, pour comprendre, connaître les logarithmes. S'il ne les connaît pas, qu'il passe.

Erreur colossale ! oui, mais négligeable tout de même, puisqu'elle n'est que $\frac{1}{243}$ du nombre évalué. On le voit, l'erreur absolue grandit indéfiniment, mais l'erreur relative diminue sans cesse et elle peut même devenir aussi petite qu'on veut pourvu qu'on choisisse n assez grand. *L'erreur relative tend vers zéro.* Or c'est l'erreur relative qui importe. On pourra donc bien, dans les calculs, remplacer P_n par S_n quand la grandeur de n rendra le calcul de P_n trop pénible.

18. Application de la formule de Stirling au calcul des probabilités. — *Cherchons, dans une série de* 100 *épreuves à pile ou face, la probabilité d'un écart inférieur à* $\frac{1}{100}$.

C'est la probabilité que face apparaisse de 49 à 51 fois. Elle est donnée (n° 14) par la formule

$$(1)\quad \mathfrak{P}_{49}^{51} = \frac{C_{100}^{49} + C_{100}^{50} + C_{100}^{51}}{2^{100}} = \frac{P_{100}}{2^{100}}\left(\frac{1}{P_{49}.P_{51}} + \frac{1}{P_{50}.P_{50}} + \frac{1}{P_{51}.P_{49}}\right).$$

La première et la troisième fraction du crochet sont visiblement égales; elles ont une valeur bien voisine de la seconde fraction

$$\frac{1}{P_{50} \times P_{50}}.$$

Calculons celle-ci au moyen de la formule approchée de Stirling :

$$P_{50} = \left(\frac{50}{e}\right)^{50} \sqrt{100\pi};$$

nous aurons

$$P_{50}.P_{50} = \left(\frac{50}{e}\right)^{100} . 100\pi, \qquad \frac{1}{P_{50}.P_{50}} = \left(\frac{e}{50}\right)^{100} . \frac{1}{100\pi}.$$

Le triple de ce nombre représente à peu près la parenthèse de la formule (1). En remplaçant P_{100} par sa valeur approchée

$$P_{100} = \left(\frac{100}{e}\right)^{100} \sqrt{2 \times 100\pi},$$

nous avons, par la formule (1),

$$\mathfrak{P}_{49}^{51} = \frac{\left(\frac{100}{e}\right)^{100} \sqrt{2 \times 100\pi}}{2^{100}} \times 3\left(\frac{e}{50}\right)^{100} . \frac{1}{100\pi},$$

ou en faisant les simplifications qui se présentent entre le numérateur et le dénominateur, par la suppression des facteurs communs aux deux termes,

$$\mathfrak{P}_{49}^{51} = \frac{3\sqrt{2}}{\sqrt{100\pi}} = \frac{3\sqrt{2}}{10\sqrt{\pi}} = 0{,}3\sqrt{\frac{2}{\pi}}.$$

Le calcul de la racine carrée donne $\sqrt{\frac{2}{\pi}} = 0{,}798$.

En multipliant ce résultat par 0,3 on trouve pour valeur de la probabilité cherchée

$$\mathfrak{P}_{49}^{51} = 0{,}2394.$$

19. Loi remarquable pour la probabilité de l'écart d'une longue série à pile ou face. — Après avoir envisagé une série de 100 épreuves avec un écart de $\frac{1}{100}$, qu'on prenne maintenant une série 100 fois plus longue, et un écart 10 fois plus faible; on aura une série de 10000 épreuves et un écart de $\frac{1}{1000}$. La probabilité pour que l'écart soit inférieur à $\frac{1}{1000}$, c'est la probabilité pour que face se montre de 4990 fois à 5010 fois. Ce nombre, calculé comme au n° 18, contiendra dans le crochet, non plus $2 + 1 = 3$ termes, mais $20 + 1 = 21$ termes. On trouvera donc, par le même calcul pour la nouvelle expression approchée de la probabilité,

$$\mathfrak{P}_{4990}^{5010} = \frac{21\sqrt{2}}{\sqrt{10\,000\pi}} = \frac{21\sqrt{2}}{100\sqrt{\pi}} = 0{,}21\sqrt{\frac{2}{\pi}}.$$

Pour une série centuple encore et pour un écart encore 10 fois plus petit, la probabilité est de même

$$\mathfrak{P}_{499900}^{500100} = \frac{201\sqrt{2}}{\sqrt{1\,000\,000\pi}} = \frac{201\sqrt{2}}{1000\sqrt{\pi}} = 0{,}201\sqrt{\frac{2}{\pi}}.$$

Pour une série centuple encore et un écart encore 10 fois plus petit, la probabilité est $0{,}2001\sqrt{\frac{2}{\pi}}$, et ainsi de suite. Désormais on aperçoit la loi que nous voulions signaler :

Des séries de 100 *en* 100 *fois plus longues offrent à peu près la même probabilité pour des écarts de* 10 *en* 10 *fois plus faibles. L'égalité devient plus exacte à mesure que les séries sont plus longues. En outre, les nombres de la suite ont une limite.* C'est $0{,}2\sqrt{\frac{2}{\pi}}$ dans l'exemple choisi.

La propriété que nous venons de découvrir est générale. Elle ne s'applique pas seulement aux épreuves de probabilité $\frac{1}{2}$, comme celle de pile ou face, mais à une épreuve dont la probabilité a une valeur quelconque, par exemple au jeu de dé où la probabilité de l'apparition d'une face donnée est $\frac{1}{6}$. La méthode de démonstration est la même, le calcul est seulement plus compliqué.

20. Théorème de Bernoulli. — Jouons donc aux dés une longue partie de 10000 coups par exemple. La face 5, pour en choisir une, présentera une certaine fréquence, voisine de la probabilité $\frac{1}{6}$; mais il y aura un écart entre la fréquence et $\frac{1}{6}$. La probabilité pour que l'écart soit inférieur à $\frac{1}{1000}$, par exemple,peut être calculée comme nous l'avons fait au jeu de pile ou face. Le calcul est plus compliqué, le résultat diffère, mais *le théorème demeure :* qu'on imagine des séries de 100 en 100 fois plus longues et qu'on calcule pour ces séries la probabilité d'écarts de 10 en 10 fois plus faibles, on trouvera des probabilités qui diffèrent peu entre elles, qui diffèrent de moins en moins et qui se rapprochent autant qu'on veut d'un nombre limite. Cette limite peut être calculée comme a été calculé le nombre limite $0{,}2\sqrt{\frac{2}{\pi}}$ au jeu de pile ou face. Le théorème de Bernoulli va plus loin. Il fournit encore une formule qui fait connaître cette limite dans tous les cas, sans qu'il soit nécessaire de recommencer chaque fois les raisonnements et les calculs que nous venons d'indiquer. Je dois renoncer à l'écrire ici (1), parce que, pour écrire la formule et pour la lire, il faut connaître les principes du calcul intégral. Faut-il renoncer à s'en servir et à pousser plus loin notre étude du calcul des probabilités ? Non, car une seule Table numérique (1), peu étendue, calculée une fois pour toutes, peut remplacer la formule. La Table calculée permet de trouver tous les résultats compris dans la formule. Cette circonstance est merveilleuse; et en effet je peux choisir la nature du jeu, c'est pile ou face, es dés..., etc.; la probabilité p est $\frac{1}{2}, \frac{1}{6}, \ldots$, etc. Je peux choisir le nombre n des coups, pourvu qu'il soit grand; c'est 1000, 10000, 100000,... ou tout autre nombre qu'on peut intercaler entre ceux-ci.

(1) *Voir* la formule et la Table des probabilités à la fin du volume, page 163.

Le nombre des coups étant choisi, je peux choisir encore l'écart x que je désire ne pas dépasser dans la série ; c'est $\frac{1}{1000}, \ldots, \frac{1}{10000}$, etc. Voilà trois nombres, p, n, x que je peux choisir à ma volonté.

La probabilité pour que l'écart ne dépasse pas la limite choisie dépend de ces trois nombres. L'inscription des résultats ne doit-elle pas exiger un gros volume d'un nombre immense de Tables ? Comment pourraient-ils être compris dans une Table unique et courte ? Cela paraît impossible. Cela est pourtant, le théorème de Bernoulli le prouve. Nous sommes obligés de nous contenter ici de l'expliquer. Je vais en développer l'explication.

§ 3. — LA LOI DE BERNOULLI POUR LA PROBABILITÉ DE L'ÉCART D'UNE LONGUE SÉRIE. RÈGLE DE L'ÉCART ÉTALON.

21. **Table des probabilités des divers écarts que peut présenter une série de 10000 coups à pile ou face.** — Nous avons calculé, pour une série de 10 000 coups à pile ou face, la probabilité d'un écart inférieur à $\frac{1}{1000}$ (nº 19). Nous avons trouvé $0{,}21\sqrt{\frac{2}{\pi}} = 0{,}16$ environ ([1]). On peut calculer de la même façon la probabilité que l'écart soit inférieur à 2 millièmes, à 3 millièmes, etc. On forme ainsi la Table suivante :

Écarts en millièmes.	Probabilités.	Écarts en millièmes.	Probabilités.
1	0,158	9	0,928
2	0,310	10	0,954
3	0,451	11	0,972
4	0,576	12	0,983
5	0,683	13	0,991
6	0,769	14	0,994
7	0,838	15	0,997
8	0,890		

([1]) D'après notre définition du nº 8, le résultat signifie ceci :
Considérons le Tableau de tous les cas que peut présenter une série de 10000 épreuves à pile ou face. Dans ce Tableau, prenons tous les cas où face se montre entre $10000 \times (0{,}5 - 0{,}001)$ fois et $10000 \times (0{,}5 + 0{,}001)$ fois, c'est-à-dire entre 4990 fois et 5010 fois. Nous épuiserons ainsi les 0,16 du Tableau.

Rien n'empêcherait de la construire à intervalles plus serrés et de la poursuivre plus loin à droite; mais, si restreinte qu'elle soit, elle suffit à nos explications.

22. **Représentation graphique de la Table** (¹). — Formons l'*échelle des écarts* (*fig.* 1) en inscrivant à distances égales, sur une hozizontale, les écarts de la Table (nº 21) procédant de millième

Fig. 1.

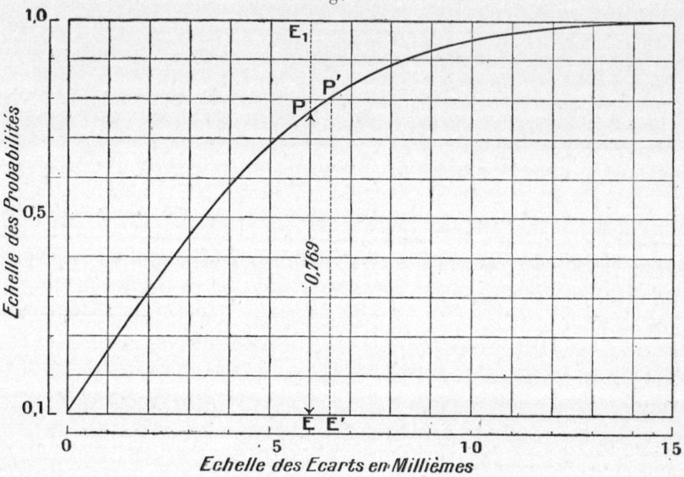

en millième; puis fixons notre attention sur l'un des écarts, celui de 6 millièmes, par exemple. Par le point E où devrait être inscrit le chiffre 6 menons une verticale EP dont la longueur soit mesurée par le nombre 0,769 qu'on lit dans la Table en face du nombre 6. En faisant de même pour tous les écarts inscrits dans la Table, on obtient le dessin de la figure 1.

C'est la représentation graphique de la Table. On y peut faire les remarques suivantes.

23. **Particularités du graphique.** — 1º Fixons notre attention sur la verticale EP, par exemple. Que nous enseigne-t-elle? Ceci : dans le Tableau des variétés que peut présenter une série de 10000 épreuves à pile ou face, les 0,769 des séries du Tableau ont

(¹) Tous mes graphiques ont dû subir une réduction à cause des nécessités de l'impression.

un écart inférieur à 0,006 [1]. Les séries restantes, formant les 0,231 du Tableau, offrent un écart supérieur à 0,006 [2]. Ce dernier nombre 0,231 est mesuré par la partie supérieure PE_1 de la même verticale.

2° Qu'on porte les yeux sur l'extrémité gauche du graphique, on voit qu'un écart nul a une probabilité très voisine de zéro, puisque la courbe dessinée par les extrémités des verticales passe très près du point O. On peut d'ailleurs calculer cette probabilité directement par la formule du n° 13. C'est

$$\frac{C_{10000}^{5000}}{2^{10000}} = \frac{1}{2^{10000}} \frac{P_{10000}}{P_{5000}P_{5000}}$$

$$= \frac{1}{2^{10000}} \frac{\left(\frac{10000}{e}\right)^{10000}}{\left(\frac{5000}{e}\right)^{5000}\left(\frac{5000}{e}\right)^{5000}} \frac{\sqrt{2\pi.10000}}{\sqrt{2\pi.5000}\sqrt{2\pi.5000}}$$

$$= \sqrt{\frac{2}{10000\pi}} = 0,01 \times 0,8 = 0,008.$$

3° Qu'on porte maintenant les yeux sur la droite du graphique. Le dernier nombre calculé et représenté correspond à $\frac{15}{1000}$.

Il a la valeur 0,997 très voisine de 1 et cette circonstance rend peu utile les calculs relatifs aux écarts supérieurs à $\frac{15}{1000}$; car, à partir de là, les probabilités sont toutes très voisines de 1 et se rapprochent sans cesse de ce nombre.

4° Mais la probabilité finit-elle par atteindre 1 quand on s'éloigne vers la droite de la Table ? Oui. Étudions en effet l'extrémité droite. Elle correspond à l'écart le plus grand que puisse atteindre la série. Celui-ci est atteint quand les 10000 épreuves donnent face ou quand toutes amènent pile. Dans le premier cas, la fréquence de face est *un;* dans le deuxième cas, elle est *zéro*. De ces deux fréquences à la probabilité $\frac{1}{2}$, l'écart est le même; c'est $\frac{1}{2}$, soit $\frac{500}{1000}$. Ainsi, l'extrémité droite de la Table et du graphique correspond à l'écart $\frac{500}{1000}$. Quelle est maintenant la probabilité pour qu'une série de 10000 épreuves offre un écart au plus égal à $\frac{500}{1000}$? En langage ordinaire, c'est la certitude, puisque aucune série ne peut offrir un écart plus grand. Mais ce

(1) Ces séries présentent face de 10000 (0,5 — 0,006) fois à 10000 (0,5 + 0,006) fois, soit de 4940 fois à 5060 fois.

(2) Ces séries présentent, soit face, soit pile, plus de 5060 fois.

que nous cherchons, c'est le chiffre qui représente la probabilité correspondante à cette certitude. Ce chiffre est 1, comme nous l'avons expliqué au nº 5.

Quant à notre graphique, qu'en résulte-t-il ? C'est que l'unité de longueur doit être portée sur la verticale qui correspond à l'écart de $\frac{500}{1000}$, verticale qui serait la dernière à droite, si les dimensions du papier permettaient de la figurer.

24. Interpolation graphique pour les valeurs non inscrites dans la Table. — Voulons-nous la probabilité que l'écart de la série soit inférieur à 0,0065? La Table ne donne pas la réponse. Faudra-t-il faire pour ce nombre encore une fois les raisonnements ou tout au moins les calculs? S'il en était ainsi, la Table et le graphique seraient d'une utilité bien médiocre; mais ces documents suffisent encore au nouveau problème et voici comment :

Imaginez qu'on resserre les intervalles de la Table en calculant les probabilités pour des écarts progressant de $\frac{1}{2}$ millième en $\frac{1}{2}$ millième. Une nouvelle verticale s'intercalera entre deux verticales consécutives du précédent graphique et les extrémités des nouvelles verticales se placeront régulièrement entre les extrémités obtenues par le précédent calcul. Si l'on continue à resserrer les intervalles, les extrémités des verticales se resserrent et dessinent une courbe régulière. Or cette courbe est suffisamment indiquée par les points trouvés au nº 22 pour qu'on puisse la tracer sans hésitation. La courbe tracée, le graphique fait connaître, sans nouveau calcul, la probabilité correspondante à l'écart 0,0065. C'est la longueur E′P′ interceptée par la courbe sur la verticale du point E′ qui se trouve à la division 6,5 de l'échelle des écarts. On lit sur le graphique $E'P' = 0{,}81$. Ce nombre est la probabilité pour que l'écart de la série ne dépasse pas 0,0065.

L'opération que nous venons de faire est appelée *interpolation*. Au lieu de faire l'interpolation par le procédé graphique, on peut la faire par des considérations numériques comme je vais l'expliquer.

25. Interpolation numérique. — Je reviens à la Table du nº 21. Pour la clarté, j'en extrais ceci :

Écarts x........	5		6		7		8	millièmes
Probabilités P...	68		77		84		89	centièmes
Augmentations..		9		7		5		centièmes

Quand l'écart x passe de 5 à 6 millièmes puis de 6 à 7, puis de 7 à 8, la probabilité P augmente respectivement de 9, de 7 et de 5 centièmes. Donc, quand x passera de 6 à 6,5 millièmes, P augmentera d'un peu plus de la moitié de 7 et l'on peut admettre 4 centièmes. Cette augmentation, ajoutée à la probabilité 77 centièmes (qui correspond à l'écart 6 millièmes), donne 0,81 pour la probabilité que l'écart ne dépassera pas 0,0065. C'est bien le résultat déjà trouvé par l'interpolation graphique (nº 24).

Notre *interpolation numérique* est en somme basée sur ce fait que, pour les petites variations de l'écart, les variations correspondantes de la probabilité leur sont à peu près proportionnelles. L'hypothèse de la proportionnalité exacte entre les deux variations est la plus simple des hypothèses. Elle revient à admettre, on le démontre, que dans le domaine embrassé par l'interpolation, la courbe tracée se réduit à une ligne droite. Cette hypothèse est suffisamment exacte dans le cas du graphique du nº 22, car les segments de courbe compris entre deux points consécutifs ne s'écartent guère de la droite qui joint ces deux points, et il est visible, sur le graphique du nº 22, que nous avons choisi pour l'interpolation la plus mauvaise région de la courbe, celle où la courbure est le plus accentuée.

26. **La Table faite pour 10000 épreuves peut servir à toute autre longue série.** — En effet, après la série de 10000 épreuves, considérons une série 100 fois plus longue, une série de 1000000 d'épreuves et appliquons le résultat du nº 19 : Si pour la nouvelle série on cherche les probabilités relatives aux écarts non plus de 1, 2, 3 ... millièmes, mais de 1, 2, 3 ... dix-millièmes, on trouvera sensiblement les mêmes probabilités que pour la première série. Il suffit donc d'admettre que les chiffres 1, 2, 3 ..., inscrits dans la Table du nº 21, représentent désormais des dix-millièmes, pour que la même Table donne encore des résultats exacts. Il en est de même du graphique.

La Table et le graphique pourront encore servir pour toutes les séries, de 100 en 100 fois plus longues, pourvu que l'échelle des écarts représente des unités de 10 en 10 fois plus faibles.

Pour une série 4 fois plus longue que celle de la Table, une série de 40000 épreuves, la Table pourra encore servir; il suffira d'admettre que les nombres 1, 2, 3... de la première ligne représentent des unités 2 fois plus faibles; ce seront des demi-millièmes. Pour une série de 90000 épreuves, ils représenteront des tiers de millièmes et ainsi de suite.

D'une façon générale, pour des séries de n' épreuves, on peut utiliser la Table faite pour n épreuves ; la nouvelle série étant $\frac{n'}{n}$ fois plus longue que celle de la Table, les écarts inscrits dans la première ligne devront représenter des écarts $\sqrt{\frac{n'}{n}}$ fois plus petits. Par ce seul changement dans l'échelle des écarts, la Table faite pour un nombre quelconque d'épreuves sert pour toute autre série, pourvu, bien entendu, que les séries soient longues.

27. **La Table limite.** — La Table faite pour 10000 épreuves, nous venons de le voir, peut servir pour toute autre série, pourvu que la série soit longue, moyennant un simple changement dans l'échelle des écarts. Pour fixer notre attention sur un exemple, la Table peut servir à une série 100 fois plus longue, pourvu que l'échelle des écarts représente des unités 10 fois plus petites. Mais ce n'est là, nous l'avons vu, qu'une chose approchée. Réellement, le graphique de la nouvelle série diffère légèrement du premier graphique. En particulier, pour un écart nul, la probabilité qui était 0,008 pour le premier graphique tombe à une valeur 10 fois plus petite 0,0008 pour la deuxième série. La différence est faible, mais elle n'est pas nulle. En outre, la verticale la plus à droite, celle qui donnera la probabilité 1 et correspondra par conséquent à l'écart $1 - \frac{1}{2} = 0,5 = 5000$ dix-millièmes, sera marquée 5000 sur l'échelle des écarts. Elle sera 10 fois plus éloignée que sur le premier graphique. Malgré ces différences, le nouveau tracé sera voisin du premier. Il sera seulement un peu au-dessous du premier tracé.

Pour une série encore 100 fois plus longue, le nouveau tracé diffère encore du précédent en s'abaissant encore au-dessous de lui, et ainsi de suite. Les tracés successifs diffèrent tous; mais ils diffèrent peu; ils diffèrent de moins en moins d'un tracé limite, celui qui correspond à la formule limite de Bernoulli. Or il n'y a aucune raison pour adopter comme type la Table faite pour

10000 épreuves plutôt que celles qui sont relatives aux autres nombres d'épreuves. Le mieux est d'adopter la courbe limite de Bernoulli faite pour un *nombre infini* d'épreuves et la Table qui lui correspond. C'est ce que nous ferons désormais.

28. **La Table de pile ou face convient à toutes les autres épreuves du hasard.** — Pour fixer la pensée sur un exemple, considérez une série de 10000 épreuves, au jeu de dé. La probabilité de la face 5, par exemple, est $\frac{1}{6}$; sa fréquence peut varier de 0 à 1. Si la fréquence est $\frac{1}{6}$, l'écart est nul ; il atteint son maximum $\frac{5}{6}$, quand la fréquence est 1. Quand l'écart x augmente de 0 à $\frac{5}{6}$, la probabilité P d'un écart au plus égal à x monte depuis une valeur très faible jusqu'à l'unité. La courbe des probabilités des écarts peut être construite comme a été construite celle du jeu de pile ou face (n° 22). Elle a la même allure. En outre, elle jouit de la même propriété (n° 27) : Qu'on centuple la longueur de la série, et qu'on prenne une échelle dix fois plus faible pour les écarts, on aura une nouvelle courbe, à peine plus basse que la précédente ; si l'on continue à centupler toujours la série, les courbes successives qu'on obtient demeurent toutes très voisines et tendent vers une courbe limite qui peut servir pour toutes les parties de dé, pourvu qu'elles soient longues. La courbe limite diffère de celle de pile ou face, mais elle a la même allure. Tout cela, nous le savons avec certitude, parce que nous en avons fait comprendre la raison; mais le fait nouveau que renferme encore le théorème de Bernoulli, c'est qu'il suffit de choisir convenablement l'échelle des écarts sur la courbe limite du jeu de dé pour la faire coïncider avec la courbe de pile ou face. Il est clair qu'on pourrait faire l'inverse et modifier l'échelle des écarts de pile ou face pour identifier la courbe de ce jeu avec celle des dés. Quelle échelle choisir? Peu importe à la pratique. On a fait un choix : il a pour but de donner à la formule de Bernoulli son aspect le plus simple. Il suffit au praticien de connaître la courbe limite de Bernoulli et la façon dont il doit utiliser l'échelle des écarts. C'est ce que nous allons maintenant expliquer.

29. **Loi générale des probabilités des divers écarts dans les séries infiniment longues. Règle de l'écart étalon.** — Avec le choix que

je viens de dire pour l'échelle des écarts, voici la courbe qu'on obtient.

C'est la courbe générale des probabilités des écarts pour les séries infiniment longues. Elle est construite à l'aide de la Table que

Fig. 2.

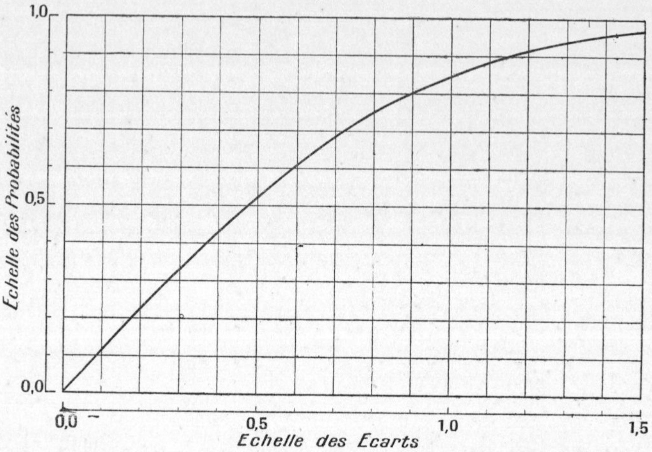

les mathématiciens ont calculée par la formule limite de Bernoulli [1]; mais, par une opération inverse, la Table peut être établie en relevant les cotes qu'on lit sur la courbe. Pour l'utiliser, il nous reste à expliquer comment la formule de Bernoulli veut qu'on emploie l'échelle des écarts. Voici, dans ce but, la *règle de l'écart étalon* :

Pour une série où le nombre des épreuves est n, où la probabilité de l'événement envisagé est p, l'écart étalon, celui qui correspond à la longueur 1 *de l'échelle de la courbe, au nombre* 1 *de la Table de Bernoulli, cet écart étalon est donné par la formule*

$$e = \sqrt{\frac{2p(1-p)}{n}}. \tag{1}$$

D'après cette formule, l'écart étalon décroît en raison de la racine carrée du nombre des épreuves : Qu'on fasse des séries de cent en cent fois plus longues, l'écart étalon sera de dix en dix

(1) La formule et la Table se trouvent à la fin du volume, page 163.

fois plus petit. C'est la loi que nous avons découverte au n° 29.

Qu'on regarde le graphique et qu'on jette les yeux sur l'écart unité, la verticale correspondante a pour cote 0,84. Ce nombre mesure la probabilité que l'écart d'une série soit inférieur à l'écart étalon. Cette condition peut servir de définition à l'écart étalon. L'écart étalon est celui qui comporte la probabilité 0,84 d'un écart inférieur à lui.

Pour familiariser le lecteur avec la règle de l'écart étalon, nous allons l'appliquer à un exemple.

30. **Exemple pour l'usage de la Table des probabilités et de la règle de l'écart étalon.** — *On joue à pile ou face une série de* 5000 *épreuves; quelle est la probabilité que l'écart de la série soit inférieur à* 0,0065 ?

Le nombre des épreuves est ici

$$n = 5000$$

et la probabilité

$$p = \frac{1}{2}.$$

On en déduit

$$1 - p = 1 - \frac{1}{2} = \frac{1}{2}$$

et

$$2p(1-p) = 2\cdot\frac{1}{2}\cdot\frac{1}{2} = \frac{1}{2} = 0,5,$$

$$\frac{2p(1-p)}{n} = \frac{0,5}{5000} = \frac{1}{10\,000},$$

$$e = \sqrt{\frac{2p(1-p)}{n}} = \frac{1}{100} = 0,01.$$

Puisque cet écart $e = 0{,}01$ est l'écart qui correspond à la longueur 1 de l'échelle, l'écart 0,0065 correspond à la longueur 0,65 de l'échelle.

Portez donc vos yeux sur le graphique, cherchez la verticale 0,65 et mesurez sa longueur à l'échelle du dessin, vous trouverez la probabilité 0,64. Ainsi donc, la probabilité qu'une série de 5000 coups à pile ou face donne un écart inférieur à 0,0065 a pour valeur 0,64.

Supposez 10000 épreuves et refaites le même travail, vous trouverez 0,8 pour la probabilité que l'écart ne surpasse pas 0,0065. C'est le résultat qu'on lisait, au nº 34, sur le graphique du nº 32. Pour conclure, on arrive à la règle suivante :

Que la probabilité de l'événement soumis aux épreuves du hasard soit p, que le nombre des épreuves soit n, l'écart étalon e se calculera pour la formule

$$e = \sqrt{\frac{2p(1-p)}{n}}.$$

L'écart étalon une fois calculé, si l'on veut la probabilité que l'écart de la série ne dépasse pas un nombre donné x, on fera le quotient $t = \frac{x}{e}$, *en divisant l'écart donné par l'écart étalon. On cherchera ce quotient sur l'échelle des écarts, soit dans le graphique, soit dans la Table. En face du nombre trouvé t, on lira la probabilité correspondante sur l'échelle des probabilités.*

La loi des probabilités des écarts de Bernoulli ne sert-elle qu'aux jeux? Non, elle a des applications autrement importantes. C'est ce qu'il nous faut expliquer maintenant.

§ 4. — LA NOTION DU HASARD ET LE DOMAINE DE LA LOI DE BERNOULLI.

31. Les caractères du hasard. — *Pour des épreuves du hasard faites dans des conditions bien définies et toujours identiques, la fréquence d'un événement est sensiblement proportionnelle à sa probabilité.* C'est la loi fondamentale. Le calcul de Bernoulli relatif aux écarts que peut présenter une longue série nous a expliqué la raison de la loi : C'est que, parmi l'immense variété des séries également possibles, celles qui présentent de faibles *écarts* sont infiniment plus nombreuses que les autres variétés. Non seulement le théorème de Bernoulli donne la raison de la loi fondamentale, mais il en étend la portée en faisant connaître la formule des probabilités des écarts d'une longue série. En effet, qu'on prenne un grand nombre de séries également longues, chacune a son écart. Les petits écarts sont plus nombreux que les grands; ils se montrent, c'est le fait nouveau, avec des fréquences à peu près proportionnelles à leurs probabilités calculées par la formule de Bernoulli.

De là, pour les écarts, autant de caractères qu'on veut, tous synthétisés dans la formule ou sur le graphique qui la représente (n° 29). Voici un de ces caractères qui est bien curieux : Prenez, par exemple, 100 séries également longues. Chacune présente un écart. Prenez la moyenne des 100 écarts. Faites ensuite les carrés des 100 écarts et prenez la moyenne des 100 carrés. La deuxième moyenne divisée par le carré de la première moyenne vous donnera à très peu près le nombre

$$\frac{\pi}{2} = 1,57\ldots,$$

le même nombre que vous obtiendriez en mesurant la longueur d'une demi-circonférence au moyen de son diamètre pris pour étalon.

L'ensemble des caractères ainsi contenus dans la formule de Bernoulli suffit à définir le hasard et à reconnaître les causes qui viennent le troubler. Il fixe le domaine des applications du calcul des probabilités.

32. La théorie des jeux de hasard. — La première des applications du calcul des probabilités fut le calcul des chances et des enjeux équitables dans les jeux de hasard. Au jeu de pile ou face, les enjeux doivent être égaux, car les chances des deux joueurs étant égales, ils gagneront à peu près le même nombre de fois et leurs gains compenseront leurs pertes aussi exactement que le hasard le permet. Que le jeu se complique, que le nombre des joueurs augmente, le principe est le même : Dans un grand nombre de parties semblables, chacun gagnerait un nombre de fois qui est sensiblement proportionnel à sa probabilité de gagner. *On adoptera la proportionnalité exacte et l'on calculera les enjeux de façon que les gains de chacun compensent ses pertes* (¹).

Ainsi réglé, le jeu est équitable pourvu qu'il ne soit pas faussé, soit par une défectuosité de l'appareil du jeu, soit par quelque habileté du joueur. Si le jeu a été faussé, l'équité veut qu'il soit

(¹) On trouvera une application de ce principe au n° 124.

annulé. Si les résultats du jeu sont les seuls éléments du jugement, si le tricheur n'a pas été pris en flagrant délit de fraude, quel sera le critère des juges? Il n'y en a pas si les coups sont peu nombreux; mais si les coups joués sont nombreux, le critère est celui de Bernoulli. Les coups étant groupés en séries, chaque série aura son écart. Les écarts doivent obéir à la loi de Bernoulli. Si la loi ne se vérifie pas, il est presque certain que le jeu a été faussé.

Ecartons ce cas. Le jeu est équitable.

Pour équitable qu'il soit, le jeu prolongé conduit les joueurs à la ruine. Et en effet, si deux joueurs jouent un grand nombre de parties à pile ou face, ils gagnent *à peu près* le même nombre de fois. Il faut entendre par là que le rapport des deux nombres tend vers l'unité. *Mais leur différence augmente avec le nombre de parties.* « Et c'est malheureusement la différence qui ruine (¹). La perte dans ses oscillations frappera les deux joueurs alternativement; quand elle dépasse la fortune du perdant, la ruine pour lui sera consommée. Le danger menace surtout, on le comprend, le moins riche des deux joueurs. L'homme qui joue sans limite et sans cesse accepte tous les adversaires dont l'ensemble, sans changer son sort, peut recevoir un nom collectif : *le public*, qui n'est jamais ruiné, ruine les imprudents qui l'attaquent. »

33. **Les assurances. Probabilité a posteriori.** — Le jeu est immoral, parce qu'il livre aux caprices du hasard la répartition des richesses qui doit être basée sur le travail utile, les services rendus. L'opération inverse est réalisée par les *assurances*. Soustraire les individus, dans la mesure du possible, aux éventualités désastreuses du hasard, voilà le but.

Tout le monde connaît l'*assurance contre l'incendie.*

Dans cette industrie, les conditions du jeu ne sont pas définies *a priori*. Il est impossible de faire l'énumération des chances pour calculer la probabilité que ma maison brûle cette année. La *statistique* observe de tels sinistres sur un grand nombre de maisons et sur un grand nombre d'années. La fréquence observée sert de mesure approchée à la probabilité du sinistre. C'est la *probabi-*

(¹) Bertrand, Préface, p. xvi.

lité a posteriori. La méthode expérimentale est ici substituée à la méthode mathématique du calcul des probabilités parce que la méthode mathématique est devenue impossible.

Un chiffre une fois admis pour la probabilité du sinistre, on comprend qu'on rentre dans le domaine de la théorie des jeux. Désormais le calcul fera connaître les primes que doivent payer les individus suivant la valeur des biens assurés et suivant les chances de combustion de ces biens, de façon à répartir équitablement les risques de chacun sur la collectivité, à payer les frais généraux de l'industrie et à constituer une réserve.

Tel est le principe des calculs d'assurances.

34. **La statistique.** — Nous venons de voir l'utilité de la statistique pour mesurer la probabilité *a posteriori* par la fréquence de l'événement étudié. La statistique s'étend à toutes les lois naturelles. Sa méthode est uniforme : Recueillir et coordonner les faits. Ses fins sont diverses. La loi de mortalité des humains, par exemple, fixe la fréquence des décès aux divers âges. Nécessaire aux assurances sur la vie, elle a aussi un intérêt social; la connaissance de la mortalité peut intéresser l'élaboration des lois dans les assemblées; elle intéresse l'hygiène, sert à suivre ses progrès et peut contribuer ainsi à les développer. En dehors même de ses applications, la loi de mortalité a un intérêt purement spéculatif, et il en est de même de toutes les lois statistiques. N'est-il pas intéressant pour tout le monde d'apprendre, par exemple, que les garçons sont dans tous les pays, à toutes les époques, plus fréquents que les filles? Qu'ils sont aussi plus fragiles, leur mortalité étant plus grande, même pendant la vie intra-utérine. Ne faut-il pas voir dans la rencontre de ces deux faits une harmonie utile à la conservation de l'espèce? Les faits, une fois connus, conduisent les hommes à en chercher les causes. Pour la recherche des causes, la statistique fournit une méthode : celle-ci consiste à étudier les concordances et disconcordances observées dans l'apparition simultanée des deux éléments qu'on présume être en relation de cause à effet. Par exemple, à Paris, le vent d'ouest amène la pluie; le vent du nord, la sècheresse. La statistique comparée de la direction du vent et de l'état hygrométrique dira ce que vaut la double affirmation. La méthode, réduite

à sa plus simple expression, à la permanence des effets résultant de causes déterminées, n'est-elle pas à la base des sciences expérimentales? Un volume d'oxygène mêlé à deux volumes d'hydrogène explose par l'approche d'une allumette et donne de l'eau. Cela est certain. D'où vient notre certitude. De la permanence dans l'apparition de l'effet quand les conditions de la cause sont réalisées.

Une autre méthode permet de découvrir des causes non présumées; c'est l'étude des écarts dans les moyennes observées et leur comparaison avec la loi de Bernoulli. Sur cette méthode, nous devons nous étendre longuement, en raison de son importance capitale. C'est en effet la plus importante application du calcul des probabilités.

35. **Les écarts dans la statistique.** — La fréquence des garçons sur les naissances de 26 années, en France, s'est montrée égale à 0,515 au lieu de 0,500 qui correspondrait à l'égalité des garçons et des filles. Il est assez naturel d'assimiler le hasard des naissances à celui des tirages faits dans une urne formée de boules de deux espèces, figurant garçons et filles. L'urne les contiendrait dans la proportion constante de 515 garçons contre 485 filles. Pour naturelle que soit l'assimillation, elle n'est pourtant pas d'une légitimité certaine. En admettant l'assimilation des enfants aux boules de l'urne, qui nous dit que l'urne est de composition invariable, que les garçons tirés, par exemple, ne diminuent pas le nombre de ceux qui restent? La statistique a le devoir de contrôler l'assimilation avant d'accepter pour les naissances des deux sexes les déductions de la théorie des probabilités. Pour faire ce contrôle, on notera la fréquence des garçons dans chacune des 26 années; on prendra les écarts de ces 26 années avec la moyenne générale et l'on verra s'ils se classent d'une façon suffisamment exacte d'après la loi des écarts de Bernoulli.

Dans le cas qui nous occupe la vérification réussit bien pour la fréquence des garçons parmi les *mort-nés*.

Les écarts suivent à peu près la loi de Bernoulli. La fiction de l'urne invariable représente donc bien les faits relatifs aux mort-nés des deux sexes; on peut leur appliquer les résultats du calcul

---

(1) BERTRAND, Préface, p. XXIX.

des probabilités. Pour la fréquence des garçons chez les enfants nés vivants la vérification est déjà médiocre.

Mais dans l'étude de la mortalité, la loi de Bernoulli ne se vérifie plus du tout. Les écarts ici sont *trop grands*. « L'assimilation (1) à des boules tirées d'une urne de composition invariable n'est donc pas acceptable. La vicissitude des événements règle sans cesse la composition de l'urne. Tantôt c'est le choléra qui passe et y verse des boules noires. Ce sont des eaux plus pures et plus fraîches qui apportent des boules blanches. C'est la disette qui rend les maladies plus abondantes et plus graves, la guerre qui accroît les mauvaises chances dans l'urne sans cesse renouvelée. » Il importera, dans des cas semblables, de préciser l'écart qui se manifeste entre l'observation et la loi théorique.

36. Les écarts dans les mesures expérimentales. — « Aucune observation (2) n'est certaine, mille operations successives donnent mille résultats différents. Non que l'observateur, de mieux en mieux instruit, corrige ses défauts et s'avance vers la perfection. Il n'en va pas ainsi. Les derniers résultats ne ressemblent en rien à une limite dont on s'approcherait par continuel progrès; le évaluations, tantôt trop petites, tantôt trop grandes se succèdent en confusion et sans ordre comme des boules blanches ou noires puisées dans une urne.

« Bessel, après un siècle écoulé, comparait les observations de Bradley aux résultats connus d'une théorie astronomique devenue certaine. En classant les différences dont le désordre est complet, il trouva un résultat remarquable » :

Qu'on adopte pour valeur exacte la moyenne des 470 observations de Bradley, chacune des observations présente avec cette moyenne un écart. Le fait remarquable est que les 470 écarts, rangés par ordre de grandeur, ont des fréquences conformes à la loi des écarts de Bernoulli. Conformément à la loi, les plus petits sont les plus nombreux. « L'honneur n'en revient ni à ce grand observateur Bradley, ni aux constructeurs des instruments de Greenwich; leur excellence fait *la petitesse, non la loi des erreurs;*

---

(1) BERTRAND, Préface, p. XXIX.
(2) BERTRAND, Préface, p. XXXII.

un instrument médiocre, un observateur moins soigneux, remplaceraient les dixièmes de seconde par des secondes, les secondes peut-être par des minutes; à cela près, tout resterait pareil. La courbe des erreurs, en s'élevant conserverait la même forme. » Elle pourrait être à peu près identifiée avec la courbe de Bernoulli par un choix convenable de l'écart étalon.

D'après cela, les écarts dans les mesures expérimentales rentrent, comme les faits statistiques, dans la théorie des probabilités.

37. **Le hasard et le déterminisme.** — L'évolution du monde est déterminée dans tous ses détails et pour la suite infinie des temps par son état actuel. C'est la doctrine déterministe, système philosophique suggéré par la science du monde matériel où nous observons que les mêmes causes, pourvu que leur identité soit bien scrupuleusement observée, produisent toujours les mêmes effets. La doctrine, bien entendu, va plus loin que l'observation : elle prétend embrasser, non seulement les expériences bornées des laboratoires, mais l'infini du monde matériel et aussi le monde moral. Dès lors elle semble incompatible avec notre libre arbitre et les déterministes à outrance nient en effet notre liberté.

La religion, la philosophie déiste rencontrent la même contradiction entre la prescience divine et le libre arbitre, mais elles prétendent concilier ces choses en apparence inconciliables.

Quoi qu'il en soit, quelle que soit notre croyance religieuse, quel que soit notre système philosophique, le hasard ne semble-t-il pas un mot sans objet ne servant qu'à dissimuler notre ignorance des choses?

Je joue à pile ou face. C'est que Dieu le veut, dira le prêtre; c'est que l'état de tes cellules cérébrales l'exigent, dira le déterministe. Peu importe, l'un et l'autre m'enchaînent : les gestes que je vais faire sont entièrement déterminés par des lois inflexibles divines ou matérielles, rien n'est livré au *hasard,* si l'on entend par ce mot l'*exclusion du déterminisme.* Comment la loi du hasard se manifesterait-elle? Elle se manifeste cependant, l'expérience nous l'enseigne. Faut-il donc rejeter le déterminisme, qu'il soit d'origine matérialiste ou déiste? Non, l'analyse de Bernoulli nous en explique la raison : Il suffit, pour faire apparaître ce que nous avons appelé *la loi du hasard,* que le mécanisme par lequel je lance la pièce manque de la précision extraordinaire qu'il faudrait pour donner face ou pile à ma volonté. Si Dieu s'occupe de mon jeu, il suffit qu'il soit *équitable*, il suffit qu'il ne choisisse pas miraculeusement les circonstances imperceptibles pour moi et vraiment extraordinaires qui doivent m'enrichir ou me ruiner. Eclairons le sujet par un exemple emprunté à la plus certaine, à la plus inflexible des lois, la loi mathématique.

38. **Le hasard dans les mathématiques.** — « L'empreinte du hasard [1] est marquée, très curieusement quelquefois, dans les nombres déduits des lois les plus précises. Une Table de logarithmes en témoigne. Pour 10000 nombres successifs, dans les Tables à 10 décimales de Véga, je prends la septième figure du logarithme : rien dans ce choix n'est laissé au hasard. L'algèbre gouverne tout, une loi inflexible enchaîne tous les chiffres. Si l'on compte cependant les résultats, on aura à très peu près, sur les 10000 épreuves, mille fois le chiffre 0, mille fois le chiffre 1 et ainsi des autres; la *formule* se conforme aux *lois du hasard.* Vérification faite, sur 10000 logarithmes, le septième chiffre s'est trouvé 990 fois égal à 0; 997 fois à 1; 993 fois à 2; 1012 fois à 4... »

Il y a plus, les multiples caractères de la loi de Bernoulli se manifestent : Partagez les 10000 nombres empruntés à la Table en 10 séries de 1000 nombres; vous aurez pour la septième figure du logarithme 10 séries de 1000 chiffres. Dans chacune des séries, la fréquence du chiffre 0 est voisine de la probabilité $\frac{1}{10}$; mais il y a un écart. Les 10 séries donnent 10 écarts. Prenez-en la moyenne. Puis, faites les carrés des 10 écarts et prenez la moyenne des 10 carrés; enfin divisez la deuxième moyenne par le carré de la première, vous devez trouver approximativement le nombre

$$\frac{\pi}{2} = 1,5708.$$

On a trouvé

$$1,561.$$

« Le même calcul fait pour le chiffre 1 a donné

$$1,598,$$

[1] BERTRAND, Préface, p. XXIV.

et la moyenne des deux résultats est

$$1,579.$$

Les trois premiers chiffres sont exacts. »

Au lieu d'emprunter les chiffres de l'épreuve aux Tables de logarithmes, on peut prendre les 10000 premiers chiffres que présente le nombre π (¹). Les mêmes caractères du hasard se manifestent. On peut multiplier les exemples.

Il y a des exceptions : Qu'on réduise la fraction $\frac{1}{3}$ en décimales, on trouvera :

$$\frac{1}{3} = 0,333\ldots$$

C'est toujours le chiffre 3. La loi du hasard est troublée. Elle l'est par une cause qui vient imposer toujours le chiffre 3, écarter les autres chiffres. La cause est facile à découvrir. Que la cause entraîne l'effet, cela, en mathématiques, constitue un *théorème.* Le théorème est ici bien facile, il est à la portée de tout le monde.

Au lieu de diviser 1 par 3, qu'on réduise en décimales le quotient de deux nombres entiers quelconques, la loi du hasard demeure troublée. Elle est remplacée, dans chaque division, par une loi spéciale de succession des chiffres. Ce sont des causes générales qui déterminent toutes ces lois spéciales très semblables entre elles. De là des théorèmes généraux découverts par les mathématiciens.

On peut généraliser encore : Que la loi des grands nombres de Bernoulli soit en défaut dans l'observation des effets d'une loi mathématique déterminée, c'est que la loi n'est pas *équitable* entre les divers événements envisagés. Les préférences marquées de la loi pour certains événements constituent autant de théorèmes qu'un mathématicien perspicace pourrait découvrir, puis démontrer par une suite de syllogismes.

39. La mécanique statistique. — « Vous sortez sans abri par un violent orage, vous serez mouillé.... Si deux promeneurs sortent ensemble, et marchent sans se quitter sous la pluie, non

(¹) LECHALAS, *Revue de métaphysique et de morale*, 1905. — DE MONTESSUS, *Calcul des Probabilités*. Paris, 1908, p. 7.

seulement ils seront mouillés tous deux, mais ils le seront également [1]. »

On admet cela plus aisément que la distribution équitable des chiffres dans une Table de logarithmes. C'est, on peut le dire, le postulat de la mécanique statistique. C'est en effet une hypothèse analogue faite sur la *distribution équitable* des molécules d'un gaz et de leurs vitesses qui a permis à Maxwell [2] d'établir les fondements de la *théorie cinétique des gaz* par le calcul des probabilités. La tentative semble hardie, car l'état initial des molécules gazeuses permettrait sans doute à un calculateur renseigné, doué d'une habileté surhumaine, de prévoir les mouvements postérieurs de toutes les molécules. Tout physicien l'admet; car dans son domaine, il est déterministe. La loi qui régit les mouvements est mathématique comme celle des logarithmes (n° 38). Pourtant, on applique à ces mouvements les lois du hasard. Y a-t-il contradiction? Non, l'exemple des logarithmes nous l'enseigne et l'exemple de la pluie nous rend la chose sensible.

La théorie de Maxwell a permis de retrouver les lois principales observées sur les gaz. Elle a ensuite conduit les successeurs de Maxwell à un domaine immense de découvertes expérimentales sur les ions gazeux, sur les mouvements browniens, de découvertes théoriques sur la constitution de la matière et sur le mécanisme de ses manifestations.

40. **La notion du hasard et le domaine de la loi de Bernoulli.** — L'exemple que je viens d'emprunter aux mathématiques précise bien, je crois, le domaine de la loi de Bernoulli. Par là, il précise d'autant la signification qu'il faut attribuer au mot *hasard*. On le voit, l'idée qu'on doit s'en faire n'est nullement en contradiction avec le déterminisme le plus rigoureux. A ce point de vue, le hasard est un ensemble de causes imperceptibles ou incalculables pour nous mais déterminées, qui viennent varier les effets d'une façon importante mais inconnue, d'une façon capricieuse mais équitable, je veux dire conforme à la loi de Bernoulli. Avec une conception aussi large, on comprend que le calcul des proba-

---

(1) BERTRAND, *Calcul des Probabilités.* Paris, 1889, p. 69.

(2) MAXWELL. *Voir* aussi BOLTZMANN, *Leçons sur la théorie cinétique des gaz.* Traduction française. Paris, Gauthier-Villars, 1902 et 1905.

bilités et la loi de Bernoulli embrassent tous les objets de l'activité humaine, jusqu'aux mathématiques elles-mêmes. Dans un domaine aussi vaste, les applications sont nombreuses et d'espèces diverses. Nous avons indiqué les principales. Ce sont la théorie des jeux, les divers objets de la statistique, la recherche des causes, les assurances, les écarts dans les mesures expérimentales, la physique mathématique et, on pourrait ajouter, les mathématiques pures elles-mêmes.

Le programme de ce travail nous commande de laisser de côté les matières difficiles qui rentrent dans la physique ou les mathématiques pures. Nous exclurons la théorie des jeux parce qu'elle est difficile et d'un intérêt général médiocre ([1]). Enfin, nous renverrons, pour les assurances, aux traités spéciaux ([2]).

([1]) Pour la théorie cinétique des gaz, consulter Boltzmann ; pour celle des jeux et les principes des assurances, consulter De Montessus. (Ouvrages cités.)

([2]) Notamment Poterin du Motel, *Théorie des assurances sur la vie*. Paris, 1899. Dormoy, *Théorie mathématique des assurances sur la vie*. Paris, 1878.

CHAPITRE II.

LA MÉTHODE STATISTIQUE.

§ 1. — ÉTUDE DES ÉCARTS DE LA STATISTIQUE SUR LES NAISSANCES DES DEUX SEXES.

41. **Problème des statisticiens.** — « Durant 26 années, on a *observé* dans un pays les nombres annuels d'enfants nés vivants et de mort-nés classés suivant le sexe, ce qui a permis de calculer, pour chaque année, la fréquence des garçons. Les résultats sont portés dans la deuxième et la troisième colonne du Tableau de la page suivante.

Pour chacune de ces colonnes, comparer la distribution des écarts annuels à la distribution théorique des écarts accidentels, sachant que les nombres annuels moyens, c'est-à-dire les nombres totaux des naissances divisés par le nombre 26 des années d'observation sont ceux-ci :

	Garçons.	Filles.	Total.
Nés vivants........	378241	356208	734449
Mort-nés..........	10319	7637	17956

Conclusions qu'on peut tirer de cette comparaison. »

Tel est, sauf des modifications insignifiantes dans la rédaction, l'énoncé proposé au concours des statisticiens du ministère du travail en France, au mois de février 1907. Nous ne pouvons pas faire un meilleur choix pour exposer la méthode qu'il convient de suivre pour étudier les écarts d'une statistique.

Afin de faciliter la lecture, en évitant d'alourdir le texte par la considération simultanée des deux catégories de naissances, je donnerai l'explication des calculs seulement pour les vivants; elle s'applique aussi bien aux mort-nés, les chiffres seuls étant à changer.

	Fréquence f des garçons.		Écarts.	
Années.	Vivants.	Mort-nés.	Vivants.	Mort-nés.
1.....	0,5164	0,5759	+0,0014	+0,0012
2.....	0,5166	0,5736	+0,0016	−0,0011
3.....	0,5150	0,5783	0	+0,0036
4.....	0,5157	0,5805	+0,0007	+0,0058
5.....	0,5151	0,5720	+0,0001	−0,0027
6.....	0,5156	0,5781	+0,0006	+0,0034
7.....	0,5159	0,5825	+0,0009	+0,0078
8.....	0,5155	0,5723	+0,0005	−0,0024
9.....	0,5161	0,5708	+0,0011	−0,0039
10.....	0,5140	0,5719	−0,0010	−0,0028
11.....	0,5150	0,5751	0	+0,0004
12.....	0,5149	0,5716	−0,0001	−0,0031
13.....	0,5140	0,5803	−0,0010	+0,0056
14.....	0,5145	0,5682	−0,0005	−0,0065
15.....	0,5148	0,5758	−0,0002	+0,0011
16.....	0,5147	0,5756	−0,0003	+0,0009
17.....	0,5152	0,5730	+0,0002	−0,0017
18.....	0,5145	0,5734	−0,0005	−0,0013
19.....	0,5138	0,5675	−0,0012	−0,0072
20.....	0,5144	0,5769	−0,0006	+0,0022
21.....	0,5157	0,5706	+0,0007	−0,0041
22.....	0,5132	0,5779	−0,0018	+0,0032
23.....	0,5146	0,5711	−0,0004	−0,0036
24.....	0,5151	0,5756	+0,0001	+0,0009
25.....	0,5150	0,5757	0	+0,0010
26.....	0,5147	0,5780	−0,0003	+0,0033
Ensemble..	0,5150	0,5747		
	Probabilités à posteriori p.			

42. Les écarts observés et leur distribution. — D'après l'énoncé, le nombre des naissances vivantes observées annuellement est en moyenne

$$n = 734449,$$

soit, pour les 26 années,

$$n' = 734449 \times 26 = 19095674 \text{ naissances.}$$

Sur ce nombre total de naissances, la fréquence des garçons s'est montrée égale à

$$p = \frac{378241}{734449} = 0{,}5150 \qquad \text{(données du n}^\circ\ \textbf{41}\text{).}$$

Cette fréquence observée mesure *a posteriori* (n° 34) la probabilité d'un garçon qui, *a priori*, est inconnue. L'écart observé, pour chaque année, sera l'excès de la fréquence annuelle f sur la probabilité *a posteriori* $p = 0{,}5150$. Les écarts ainsi définis ont été inscrits dans la quatrième colonne du précédent Tableau.

Classons maintenant ces écarts. Le plus grand écart étant 18 unités de l'ordre du dix-millième, on aura une classification convenable en faisant croître les degrés de la classification de 2 en 2 unités de cet ordre, ce qui fera 9 intervalles.

Les écarts au plus égaux à 2 sont au nombre de 8 ; de 3 à 4, il y en a 3; soit $8 + 3 = 11$ écarts au plus égaux à 4, ... etc.

Le nombre d'écarts au plus égaux à x sera désigné par $\Phi(x)$ et appelé *nombre de distribution correspondant* à l'écart x. Les résultats de la distribution des écarts se lisent dans le Tableau suivant au moyen des colonnes qui ont pour entêtes x et $\Phi(x)$:

Distribution des écarts observés.

Vivants.			Mort-nés.		
Écarts x.	Nombres $\Phi(x)$.	Différences.	Écarts x.	Nombres $\Phi(x)$.	Différences.
2	8		8	1	
4	11	3	16	8	7
6	16	5	24	11	3
8	18	2	32	15	4
10	21	3	40	20	5
12	23	2	48	21	1
14	24	1	56	22	1
16	25	1	64	23	1
18	26	1	72	25	2
			80	26	1

43. **Distribution théorique des écarts.** — Les naissances vivantes, masculines et féminines, se produisent-elles comme si on les tirait au sort dans une urne de composition constante en garçons et

filles? A *priori*, on n'en sait rien. Mais supposons-le. Alors l'urne devra être composée de façon à donner à la sortie d'un garçon la probabilité p trouvée *a posteriori* pour un garçon. Avec notre assimilation, l'écart étalon est donné par la formule

$$(1) \qquad e = \sqrt{\frac{2p(1-p)}{n}} \qquad (\text{n}^{\text{o}}\ 29)$$

où n est le nombre des naissances observées dans chacune des séries annuelles et p la probabilité de sortie d'un garçon.

Ici, n et p ont pour valeurs

$$(2) \qquad n = 734449$$
$$(3) \qquad p = 0{,}5150 \qquad (\text{n}^{\text{o}}\ 42).$$

Avec ces chiffres, la formule (1) donne, pour l'écart étalon,

$$(4) \qquad e = 0{,}000816.$$

Un écart brut x, observé dans les tirages au sort, doit être rapporté à l'écart étalon e (nº 29). Il prend ainsi une valeur réduite :

$$(5) \qquad t = \frac{x}{e}.$$

Avec le nombre t, on peut utiliser la Table ou le graphique de la loi des écarts de Bernoulli. En face de t on trouve la probabilité $P(t)$ que la valeur réduite de l'écart soit inférieure à t. Si notre assimilation de la nature avec une urne est exacte, le nombre $P(t)$ est la *fréquence théorique* qui doit être comparée à la fréquence observée pour les écarts inférieurs à t.

Pour cette raison, la distribution de Bernoulli, représentée par $P(t)$, est appelée *distribution théorique des écarts.*

44. Réduction des écarts et des nombres de distribution aux unités théoriques. — Dans le but de comparer à la distribution théorique $P(t)$ du nº 43 la distribution observée $\Phi(x)$ du nº 42, il convient de rapporter les nombres observés x et $\Phi(x)$ aux unités théoriques. D'abord, les valeurs de l'écart brut x, divisées par l'écart étalon e, donnent les valeurs correspondantes de l'écart réduit $t = \frac{x}{e}$; puis, les valeurs du nombre de distribution $\Phi(x)$, divisées par le nombre 26 des années observées, donnent pour quotients les valeurs de la fréquence de l'apparition d'écarts bruts inférieurs à x, autrement dit, d'écarts réduits inférieurs à t. Je désignerai par $\varphi(t)$ la *fréquence correspondante à l'écart réduit* t. Elle doit être comparée à la probabilité correspondante $P(t)$.

Voici les résultats de notre double réduction :

Enfants nés vivants.				Enfants mort-nés.			
x.	$\Phi(x)$.	t.	$\varphi(t)$.	x.	$\Phi(x)$.	t.	$\varphi(t)$.
0,0002...	8	0,245	0,308	0,0008...	1	0,153	0,038
0,0004...	11	0,490	0,423	0,0016...	8	0,307	0,308
0,0006...	16	0,735	0,616	0,0024...	11	0,460	0,423
0,0008...	18	0,980	0,693	0,0032...	15	0,613	0,577
0,0010...	21	1,225	0,808	0,0040...	20	0,767	0,770
0,0012...	23	1,470	0,886	0,0048...	21	0,920	0,807
0,0014...	24	1,715	0,924	0,0056...	22	1,073	0,846
0,0016...	25	1,960	0,963	0,0064...	23	1,226	0,885
0,0018...	26	2,205	1,000	0,0072...	25	1,38	0,962
				0,0080...	26	1,53	1,000

$$n = 734\,449, \qquad N = 26,$$

$$p = \frac{378\,241}{734\,449} = 0,5150,$$

$$e = \sqrt{\frac{2p(1-p)}{n}} = 0,000\,816,$$

$$t = \frac{x}{e}, \qquad \varphi(t) = \frac{\Phi(x)}{N}.$$

$$n = 17\,956, \qquad N = 26,$$

$$p = \frac{10\,319}{17\,956} = 0,5747,$$

$$e = \sqrt{\frac{2p(1-p)}{n}} = 0,005\,22,$$

$$t = \frac{x}{e}, \qquad \varphi(t) = \frac{\Phi(x)}{N}.$$

45. **Comparaison de la distribution observée avec la distribution théorique des écarts** (*fig.* 3). — Pour faire cette comparaison, je porte sur le graphique de la loi de Bernoulli les fréquences observées. Le Tableau de ces fréquences $\varphi(t)$ se lit au n° 44.

Exemple. — Sur la 4e ligne du Tableau des vivants, au n° 44, je lis $t = 0,980$, $\varphi(t) = 0,693$. Je porte $t = 0,980$ sur l'échelle horizontale du graphique. Sur la verticale du point obtenu, je porte une longueur mesurée par $\varphi(t) = 0,693$. J'obtiens le point V relatif aux naissances vivantes.

J'opère de même pour les autres lignes du Tableau des vivants. Les points ainsi obtenus, correspondants aux naissances vivantes, sont marqués sur le graphique ci-dessous par des ronds. Les points relatifs aux mort-nés sont marqués par des croix.

Fig. 3.

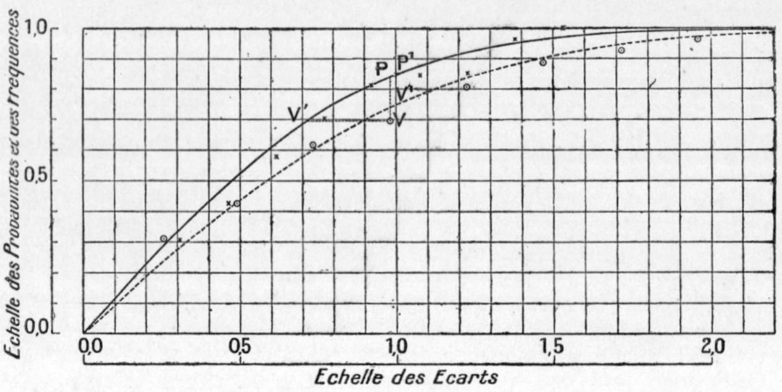

Le graphique montre le plus ou moins grand écart qui existe entre la courbe théorique et les points fournis par l'observation, ronds pour les vivants, croix pour les mort-nés. L'éloignement est plus grand pour les vivants que pour les mort-nés. Précisons : Pour les mort-nés, les points sont tantôt à droite tantôt à gauche, à peu près également, comme il convient à une distribution du hasard. Au contraire, pour les vivants, il y a une prépondérance marquée des points vers la droite. Qu'est-ce à dire? C'est que les écarts observés (n° 42) sont trop grands. En effet, considérons par exemple le point V ($t = 0{,}98$; $\varphi(t) = 0{,}69$). L'horizontale de ce point coupe la courbe théorique au point V' ($t = 0{,}72$). C'est à l'écart théorique $t = 0{,}72$ et non plus à l'écart observé $t = 0{,}98$ que devrait correspondre la fréquence $\varphi(t) = 0{,}69$.

Ainsi, *les écarts observés pour les vivants sont* trop grands. *Voilà* ce que nous enseigne la prépondérance des points V à droite de la courbe théorique.

46. Écart d'une fréquence de distribution. — Au lieu de dire que le point V est à droite, il revient au même de dire qu'il est au-dessous de la courbe théorique. La fréquence correspondante au point V ($t = 0{,}98$) est $\varphi = 0{,}69$, tandis que la probabilité correspondante P s'obtient en menant la verticale VP du point V jusqu'à sa rencontre P avec la courbe théorique. La probabilité de l'écart réduit t est la cote verticale du point P, savoir

$$P = 0,84.$$

Prenons la différence entre le nombre théorique P et la fréquence de distribution φ observée. Elle a pour valeur

$$VP = P - \varphi = 0,84 - 0,69 = 0,15.$$

47. Probabilité correspondante à cet écart et jugement de la série. — Les points de distribution, pour les enfants nés vivants, (points ronds du graphique du n° 45), sont nettement trop bas. Le défaut n'est pas favorable à l'assimilation d'une naissance vivante avec le hasard d'une urne de composition constante. Mais dans quelle mesure doit-on rejeter notre assimilation? Dans quelle mesure, au contraire, peut-on l'admettre encore ? Quel jugement numérique, en un mot porter sur la série? Telle est la question précise qui s'impose au statisticien, au point où nous en sommes du développement de notre sujet. Je ne crois pas qu'on y ait répondu [1].

Je chercherai une réponse dans la théorie des probabilités appliquée à l'écart VP de la fréquence φ ($t = 0,98$).

Avec l'hypothèse du tirage des naissances dans une urne, on fait, en somme, une épreuve du hasard chaque année. Elle consiste à tirer au sort l'écart de l'année.

Je parie sortir un écart inférieur à

$$t = 0,98. \tag{1}$$

Ma probabilité de gagner est, d'après la Table de Bernoulli,

$$P(t) = 0,84. \tag{2}$$

Le nombre des épreuves est celui des années observées

$$N = 26. \tag{3}$$

L'écart étalon dans notre série de N épreuves a donc pour valeur

$$E = \sqrt{\frac{2P(1-P)}{N}} = 0,1 \text{ environ}. \tag{4}$$

---

[1] Toutefois, M. Dormoy (*Théorie des assurances sur la vie*, t. I, p. 39; Paris, 1878) a fait un pas considérable dans cette voie en introduisant *le coefficient de divergence* d'une série.

D'autre part, dans la série des N épreuves, ma fréquence de gain s'est montrée seulement égale à

$$(5) \qquad \varphi(t) = 0{,}69 \quad \text{au lieu de} \quad P(t) = 0{,}84,$$

soit un écart brut

$$(6) \qquad X = P - \varphi = 0{,}15;$$

lequel, rapporté à l'étalon E, donne l'écart réduit

$$(7) \qquad T = \frac{X}{E} = \frac{0{,}15}{0{,}1} = 1{,}5.$$

Avec l'écart réduit T = 1,5, on peut entrer dans la Table de Bernoulli. On y trouve la probabilité correspondante

$$(8) \qquad P(T) = 0{,}97.$$

Ainsi, avec l'hypothèse qu'on tire au sort le sexe des enfants nés vivants dans une urne où la fréquence des garçons serait 0,5150, il y a 97 à parier contre 3 que le point V demeurerait au-dessus de la position qu'il a sur le graphique du n° 45. Le chiffre 0,97 nous représente bien la *défaveur*, le chiffre 0,03, la *faveur* jetée sur la série par la position du point V, qu'on fasse porter le jugement soit sur la qualité de la série, soit sur la légitimité de notre assimilation.

48. Privilége de l'écart étalon dans le jugement d'une série statistique. — Le chiffre que nous venons de préciser pour le jugement de la série est basé sur le seul point V ($t = 0{,}98$). Que disent les autres points. Si on les consulte, ils indiquent une défaveur moindre; ils ne sont donc pas à considérer. Voilà justifié le choix du point V qui, sur le graphique, se trouve le plus voisin de l'écart étalon.

Mais d'où vient un tel privilège de l'écart étalon. Il nous faut maintenant le rechercher. Dans ce but, il importe de distinguer, sur le tracé de la distribution des écarts, deux défauts de natures différentes, le défaut d'ensemble que nous venons de signaler sur les naissances vivantes, puis les caprices de détail. Mais le graphique des morts nés présente aussi de tels caprices plaçant les points de distribution, tantôt au-dessus, tantôt au-dessous de la courbe théorique, indifféremment, *équitablement*. Tous les graphiques des statisticiens présentent le même caractère, les mêmes caprices. Ce sont les caprices du hasard lui-même. Ils importent peu. Le vrai défaut d'une série est un défaut d'ensemble. Une série défectueuse a ses écarts généralement trop grands.

Ainsi, qu'une série soit bonne, la courbe moyenne dessinée grossièrement par l'ensemble des points de distribution se superpose sensiblement à celle de Bernoulli; qu'une série ait ses écarts trop grands, la courbe dessinée par les points de distribution coïncide sensiblement, en général, avec *la transformée* de la courbe de Bernoulli, obtenue en amplifiant les écarts t dans un rapport convenable.

Soit donc OCI la courbe de Bernoulli (*fig.* 4). Je figure en outre

Fig. 4.

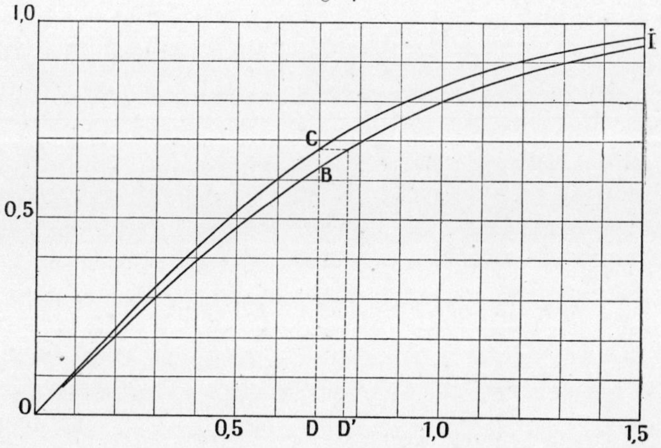

une *transformée* OBI obtenue en amplifiant légèrement les écarts dans un rapport constant $\frac{OD'}{OD} = \text{const.}$ Quel est, sur la courbe OBI, le point qui donne, contre la série représentée par cette courbe, la probabilité la plus forte? J'ai successivement :

(1) $$t = OD,$$

(2) $$P(t) = DC,$$

(4) $$E = \sqrt{\frac{2P(1-P)}{N}} = \sqrt{\frac{2DC(1-DC)}{N}},$$

(5) $$\varphi(t) = DB$$

et

$$X = P - \varphi = BC, \tag{6}$$

$$T = \frac{X}{E} = \frac{BC}{\sqrt{\frac{2DC(1-DC)}{N}}}. \tag{7}$$

La probabilité du point de distribution B sera le nombre P(T) qu'on trouve dans la Table de Bernoulli en face du nombre T. Nous cherchons, sur la courbe OBI, la position qui rend P(T) maximum. Or le maximum de P(T) se produit en même temps que celui de T, puisque P(T) croît avec T. Il suffit donc de chercher la verticale DBC qui donne sa valeur maximum à l'expression

$$T = \frac{BC}{\sqrt{\frac{2DC(1-DC)}{N}}};$$

à celle-ci on peut substituer l'expression plus simple

$$\frac{BC}{\sqrt{DC(1-DC)}},$$

qui diffère de la précédente par la seule suppression des facteurs constants 2 et N. Le lecteur peut chercher ce maximum sur le graphique, en relevant les cotes; il peut aussi procéder de toute autre façon équivalente. Il trouvera que le maximum correspond à une valeur de OD un peu supérieure à 1. Pratiquement, on peut s'arrêter à 1, c'est-à-dire à l'écart étalon, pour le jugement de la série. Ainsi se trouve expliqué le privilège de l'écart étalon, en ce qui concerne le jugement de la série.

49. **Probabilité favorable ou défavorable à une série.** — Le hasard fait que le quatrième point de distribution, le point V (*fig.* 3, nº 45) est visiblement trop bas relativement à l'ensemble des autres points. Nos évaluations du nº 47 pour E, T, P(T) sont en conséquence excessives.

Pour tenir compte de l'ensemble des points de distribution, nous avons tracé en traits interrompus, sur le graphique du nº 45, une courbe ayant la forme d'une transformée de la courbe théorique, en guidant le tracé par l'ensemble des points de distribution.

La courbe ainsi obtenue remplace l'ensemble des points ronds de la figure 3; à l'écart $t = 1$, elle fait correspondre le point V' que nous substituons au point V, dans le calcul du n° 47. L'écart brut X = VP est remplacé par

$$X' = V'P' = 0,1 \quad \text{(valeur lue sur le graphique).}$$

D'autre part, l'écart étalon correspondant au point V', dans notre série de N années, est donné par la formule (4) du n° 47, savoir

$$(4) \qquad E = \sqrt{\frac{2P(1-P)}{N}};$$

mais, tandis qu'au n° 47 on remplaçait la lettre P par la valeur de la probabilité P (0,98) correspondante au point V, on la remplacera désormais par la probabilité P(1) correspondante au point V'. La différence est faible et ne change pas sensiblement le résultat de la formule (4). La nouvelle valeur de E est sensiblement égale à l'ancienne, savoir

$$E' = 0,1.$$

L'écart réduit du point V' a donc pour valeur

$$T' = \frac{X'}{E'} = \frac{0,1}{0,1} = 1.$$

La probabilité correspondante P(T') est donnée par le table de Bernoulli (ou par la courbe en trait plein de la figure 3). Elle a pour valeur

$$P(T') = 0,84.$$

Ainsi, il y a 84 à parier contre 16 que la courbe de distribution des écarts qui résulterait d'un tirage au sort des sexes serait, au voisinage du point P, plus rapprochée de la courbe théorique (*fig.* 3) que n'est réellement la courbe des points ronds observés ; 0,84 est la *probabilité défavorable ;* 0,16 est la *probabilité favorable* à la série.

50. **Méthode pour étudier les écarts d'une série statistique et juger la série.** — Dans le but de faciliter les applications, je vais résumer ici les opérations et les conclusions auxquelles nous avons été conduits. Pour conserver à ce résumé le langage simple

et concret qui convient à la clarté, j'envisage seulement le problème particulier du n° 41. Pour d'autres cas, l'énoncé devra être modifié dans les termes seulement, mais rien se sera changé quant au fond. Le lecteur comprendra bien les modifications nécessaires. La règle est celle-ci :

1° Former les moyennes annuelles et la moyenne d'ensemble pour les N années étudiées ;

2° Former le Tableau des écarts x entre les chiffres annuels et la moyenne d'ensemble ;

3° Adopter une échelle de classification en faisant croître l'écart x par degrés égaux; en face de chacune des valeurs échelonnées de x, inscrire le nombre $\Phi(x)$ des écarts de la série qui sont au plus égaux à x. On obtient la distribution des écarts ;

4° Réduire le Tableau de distribution aux unités théoriques.

a. Les valeurs brutes des écarts échelonnés x doivent être divisées par l'étalon

$$e = \sqrt{\frac{2p(1-p)}{n}},$$

on obtient les valeurs réduites t des écarts x.

b. Les nombres de distribution $\Phi(x)$ doivent être divisés par le nombre N des années pour donner les fréquences $\varphi(t)$ correspondantes aux valeurs échelonnées de t.

Le résultat est le Tableau de distribution.

5° Porter sur le graphique de Bernoulli les points de distribution $V[t, \varphi(t)]$ qui représentent les résultats du Tableau, puis tracer la courbe transformée de celle de Bernoulli qui est dessinée grossièrement par les points de distribution.

6° Pour l'écart étalon ($t = 1$), mesurer sur le graphique l'écart entre la probabilité $P(t)$ et la fréquence $\varphi(t)$ savoir $X = P - \varphi$. C'est l'écart brut de la série.

7° Rapporter l'écart X à son étalon $E = \sqrt{\frac{2P(1-P)}{N}}$.

8° Avec l'écart réduit $T = \frac{X}{E}$, chercher, par la loi de Bernoulli, la probabilité correspondante $P(T)$. C'est la *probabilité défavorable* à la série. La *probabilité favorable* est $1 - P(T)$.

§ 2. — LA MASCULINITÉ DANS LES NAISSANCES HUMAINES.

51. Introduction historique. — « Dès le commencement du XVIIIe siècle, on a remarqué que le nombre des naissances masculines l'emporte sur celui des naissances féminines » (¹). Mais la fréquence des garçons est-elle une constante de la nature humaine ? Varie-t-elle avec la race ? Avec le climat ? Avec le temps ? Avec les conditions d'existence ? Voilà un important problème de zoologie soulevé par la précédente remarque et qui a préoccupé les statisticiens du XIXe siècle. L'historique de leurs travaux jusqu'en 1840 est fort bien exposé dans le remarquable *Traité de Cournot* (¹). Le lecteur pourra s'y reporter.

Hélas ! rien ou peu de chose à retenir de tant de laborieuses recherches, sinon qu'une statistique insuffisante rend l'effort stérile. Et, en effet, la statistique des naissances à cette époque est entachée d'un défaut fondamental. Elle ne retient que les naissances vivantes. Sur les mort-nés, rien. Or, on le sait (nº 41), la fréquence des garçons est plus grande chez les mort-nés que chez les vivants. En d'autres termes, la mortalité des garçons est supérieure à celle des filles.

Que la mortalité dans la vie intra-utérine soit augmentée par de mauvaises conditions d'hygiène, elle portera de préférence sur les garçons. La fréquence des garçons dans les naissances vivantes sera de ce fait diminuée. De là des perturbations. Elles se sont manifestées au nº 45 par des écarts supérieurs à ceux de la loi théorique de Bernoulli ; mais elles se manifestent mieux encore quand on compare entre eux des groupes qui présentent des différences caractéristiques. Ainsi, la fréquence des garçons est moindre à Paris qu'à la campagne, plus grande chez les légitimes que chez les illégitimes. Monsieur le maire influerait-il sur le sexe des conceptions ? Évidemment non. Alors, la cause de la perturbation est celle que nous avons dite : la fragilité des garçons est plus grande que celle des filles. D'autre part, de plus nombreuses causes de destruction menacent le fruit d'une conception illégitime.

(¹) COURNOT, *Exposition de la théorie des chances*, 1843, p. 296.

Le concours de ces deux circonstances doit tendre à diminuer la fréquence des naissances masculines dans la catégorie des naissances illégitimes ([1]).

La même explication fait comprendre pourquoi la masculinité des naissances vivantes est moindre dans les grandes villes que dans les campagnes.

Ces deux exemples montrent bien l'impuissance des anciennes statistiques à résoudre le problème de zoologie que nous avons en vue. Il faut connaître les mort-nés, et non pas seulement ceux qui sont nés à terme ou à peu près, mais à tous les âges de la gestation. Depuis 1893, la statistique de la Ville de Paris l'entend ainsi. Elle révèle des faits inattendus ; mais elle est encore insuffisante, comme on va le voir.

52. **Statistique de la Ville de Paris.** — A titre d'exemple, prenons l'année 1908. Dans l'Annuaire statistique de la Ville de Paris, on trouve à la page 113 deux Tableaux, l'un pour les vivants, l'autre pour les mort-nés. Les légitimes y sont distingués des illégitimes. En outre, les enfants sont classés suivant l'âge de la mère.

A la page 115 du même Annuaire, un autre Tableau complète ces renseignements en classant les mort-nés suivant la durée de la gestation.

On trouve ces Tableaux aux deux pages suivantes.

53. **Erreurs statistiques venant des embryons.** — Le document que je viens de rapporter est surprenant. Qui aurait pu prévoir que les fœtus légitimes de 0 à 4 mois présentent deux fois et demie plus de garçons que de filles ? que cette majorité de garçons est plus faible chez les illégitimes ? Ces particularités inattendues sont de nature à fausser fortement toute statistique qui néglige les embryons. Or, comment en tenir un compte exact ? La chose semble impossible. Et en effet la plupart des embryons demeureront toujours ignorés pour plusieurs raisons : facilité de les faire disparaître ; ennui d'attirer l'attention publique sur un accident fâcheux ; paresse à se déranger pour la déclaration ; frais d'inhumation à éviter. La statistique est certainement et sera toujours très

([1]) *Loc. cit.*, p. 307.

ANNÉE 1908. *Naissances et mort-nés (embryons inclus) selon l'état civil et l'âge de la mère* (mères domiciliées à Paris). NAISSANCES ET MORT-NÉS.

AGE DE LA MÈRE.	ENFANTS NÉS VIVANTS.							MORT-NÉS ET EMBRYONS.							TOTAL DES NAISSANCES (mort-nés compris).						TOTAL GÉNÉRAL.
	Légitimes.		Illégitimes.		Total.		Total.	Légitimes.		Illégitimes.		Total.		Total.	Légitimes.		Illégitimes.		Total.		
	M.	F.	M.	F.	M.	F.		M.	F.	M.	F.	M.	F.		M.	F.	M.	F.	M.	F.	
Moins de 15 ans.	//	2	8	6	8	8	16	//	//	//	1	//	1	1	//	2	8	7	8	9	17
De 15 à 10 ans.	924	898	976	902	1900	1800	3700	67	54	95	67	162	121	283	991	952	1071	969	2062	1921	3983
De 20 à 24 ans.	5929	5844	2533	2517	8462	8361	16823	447	337	249	187	696	524	1220	6376	6181	2782	2704	9158	8885	18043
De 20 à 29 ans.	6410	6042	1492	1463	7902	7505	15407	534	359	167	126	701	485	1186	6944	6401	1659	1589	8603	7990	16593
De 30 à 34 ans.	3840	3539	728	703	4568	4242	8810	433	245	92	65	525	310	835	4273	3784	820	768	5093	4552	9645
De 35 à 39 ans.	1697	1655	393	361	2090	2016	4106	236	171	47	35	283	206	489	1933	1826	440	396	2373	2222	4595
De 40 à 44 ans.	565	504	124	113	689	617	1306	81	51	20	17	101	68	169	646	555	144	130	790	685	1475
De 45 à 49 ans.	45	39	6	4	51	43	94	7	4	2	1	9	5	14	52	43	8	5	60	48	108
De 50 à ω.....	//	1	//	1	//	2	2	//	//	//	//	//	//	//	//	1	//	1	//	2	2
Age inconnu...	48	41	229	244	277	285	562	13	11	77	31	90	42	132	61	52	306	275	367	327	694
TOTAUX....	19458	18565	6489	6314	25947	24879	50826	1818	1232	749	530	2567	1762	4329	21276	19797	7238	6844	28514	26641	55155

Annuaire statistique de la Ville de Paris (1908 .

ANNEE 1908. *Durée de la gestation des mort-nés (embryons inclus)* (parents domiciliés à Paris) *avec indication des naissances antérieures.*

AGE DE LA MÈRE.	LÉGITIMES. 0–4e mois. M.	F	5e mois. M.	F.	6e mois. M.	F.	7e mois. M.	F.	8e mois. M.	F.	9e mois. M.	F.	Durée inconnue M.	F.	TOTAL des légitimes.	ILLÉGITIMES. 0–4e mois. M.	F.	5e mois. M.	F.	6e mois. M.	F.	7e mois. M	F.	8e mois. M.	F.	9e mois. M.	F.	Durée inconnue M.	F.	TOTAL des illégitim.	TOTAL GÉNÉRAL.
Moins de 15 ans	//	//	//	//	//	//	//	//	//	//	//	//	//	//	//	//	//	//	1	//	//	//	//	//	//	//	//	//	//	1	1
15 à 19	14	5	10	9	14	18	10	10	9	1	10	11	//	//	121	16	8	12	4	21	13	24	16	7	16	14	10	1	//	162	283
20 à 24	159	56	40	36	54	68	53	64	46	40	95	73	//	//	784	44	37	35	11	51	52	45	41	32	16	40	27	2	3	436	1220
25 à 29	216	90	41	31	70	62	49	44	46	37	110	93	2	2	893	51	29	16	11	22	28	32	25	16	11	29	22	1	//	293	1186
30 à 34	175	60	35	23	47	30	34	32	34	27	107	72	1	1	678	30	10	12	12	17	13	7	11	10	2	14	17	2	//	157	835
35 à 39	89	32	13	17	26	21	15	20	20	20	71	60	2	1	407	21	7	2	5	4	2	3	3	5	4	10	14	2	//	82	489
40 à 44	25	4	8	7	12	8	3	2	7	8	26	21	//	1	132	9	2	1	1	3	4	2	//	3	6	2	4	//	//	37	169
45 à 49	1	3	//	//	//	//	//	1	1	//	5	//	//	//	11	//	1	//	//	//	//	//	//	//	//	2	//	//	//	3	14
50 et plus	//	//	//	//	//	//	//	//	//	//	//	//	//	//	//	//	//	//	//	//	//	//	//	//	//	//	//	//	//	//	//
Age inconnu	3	4	//	//	3	//	1	//	//	2	4	1	2	4	24	37	7	12	3	4	7	6	3	1	2	12	5	5	4	108	132
Total	682	254	147	123	226	207	165	173	163	135	428	331	7	9	3050	208	101	90	48	122	119	119	99	74	57	123	99	13	7	1279	4329
Parmi les précédents :																															
Avaient respiré	7	4	24	24	81	49	45	50	32	23	53	38	1	2	433	5	4	21	8	20	28	10	13	19	9	17	19	2	//	175	608
N'avaient pas respiré	660	240	120	97	141	156	116	121	129	107	363	288	4	5	2547	195	95	66	38	98	90	108	82	50	47	102	74	6	3	1054	3601
Renseignem. non fourni	15	10	3	2	4	2	4	2	2	5	12	5	2	2	70	8	2	3	2	4	1	1	4	5	1	4	6	5	4	50	120
La mère était :																															
Primipare	147	69	47	31	74	78	63	68	65	49	177	143	2	1	1014	72	44	52	18	64	65	56	63	35	29	55	39	5	2	599	1613
Pluripare	508	173	87	86	141	113	91	97	83	72	218	162	4	2	1837	102	41	23	17	38	37	49	26	29	21	45	41	4	1	474	2311
Renseignem. non fourni	27	12	13	6	11	16	11	8	15	14	33	26	1	6	199	34	16	15	13	20	17	14	10	10	7	23	19	4	4	206	405

NOTA. — Conformément aux prescriptions des circulaires préfectorales des 21 novembre 1868 et 15 janvier 1869, *les déclarations d'embryons de moins de quatre mois de gestation sont suivies de la transcription, sur un registre spécial, du certificat du médecin vérificateur.*

inexacte, très au-dessous de la vérité en ce qui concerne les embryons.

54. **Résultats du Dr Jacques Bertillon** (1891-1905). — Le Dr Bertillon, chef des travaux statistiques de la Ville de Paris, a étudié l'influence de la légitimité et aussi celle de l'âge de la mère sur la masculinité des conceptions [1]. Il considère, non pas la fréquence des garçons comme on l'a fait au paragraphe précédent, mais le rapport $\frac{G}{F}$ du nombre G des garçons à celui des filles F. Voici ses résultats :

PARIS. — *Pour* 100 *naissances féminines, combien de masculines* (*mort-nés compris*) (1891-1905).

Age de la mère..	15-19.	20-24.	25-29.	30-34.	35-39.	40-44.	45-49.
Légitimes $\frac{G}{F}$....	1,071	1,062	1,064	1,065	1,066	1,130	1,050
Illégitimes $\frac{G}{F}$...	1,045	1,053	1,022	1,050	1,057	1,121	1,021

Avec ces résultats, j'ai dessiné le graphique suivant (*fig.* 5).

Fig. 5.

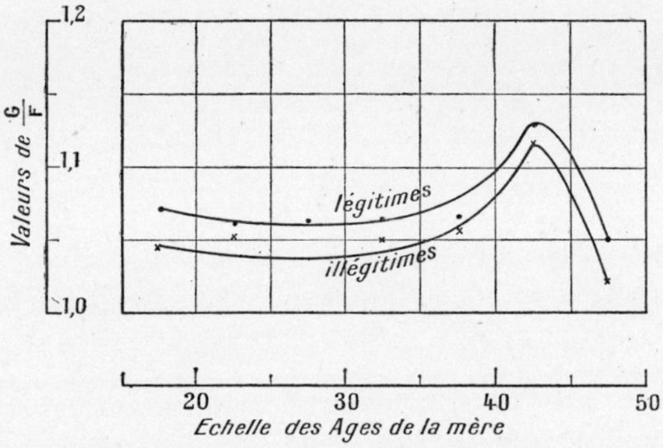

La courbe des illégitimes est uniformément, de 0,020 environ au-dessous de celle des légitimes, quoiqu'on ait tenu compte des mort-nés. L'invraisemblable influence du maire (nº 51) sur le sexe subsiste. Mais le Dr Bertillon comprend-il dans ses chiffres les

(1) Annexe à l'*Annuaire statistique de la Ville de Paris* pour 1905. — Paris, 1907.

embryons de o, à 4 mois ? Il ne le dit pas. Quoi qu'il en soit, il n'a pu tenir compte que du chiffre des embryons qui est inscrit dans la statistique, et ce chiffre est très au-dessous de la vérité. La mortalité embryonnaire étant plus forte chez les illégitimes, on s'explique encore que la courbe des illégitimes soit au-dessous de la courbe des légitimes.

Adressons-nous donc directement au Tableau de la Ville de Paris.

55. **Retour à la statistique de la Ville de Paris.** — En faisant les totaux des naissances (vivants, mort-nés et embryons) pour

Fig. 6.

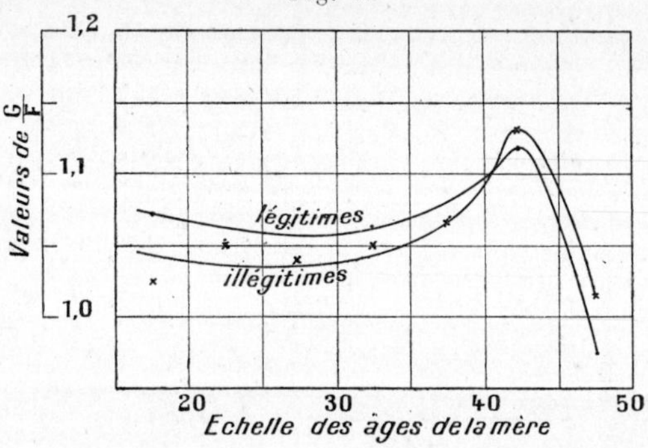

les 10 années comprises dans la période de 1895 à 1904, on trouve les résultats que voici :

Naissances légitimes.

		15-19.	20-24.	25-29.	30-34.	35-39.	40-44.	45-49
Age de la mère......								
Embryons compris.	Garçons G.	8214	62258	74106	48211	25924	8007	654
	Filles F...	7655	59042	68950	45327	24304	7150	672
Quotient $\frac{G}{F}$...........		1,073	1,054	1,075	1,064	1,068	1,119	0,975

Naissances illégitimes.

Embryons compris.	Garçons G.	9841	31534	20715	11208	6195	1880	132
	Filles F...	9617	29949	19912	10672	5819	1662	130
Quotients $\frac{G}{F}$..........		1,024	1,051	1,040	1,051	1,064	1,132	1,015

Ces résultats sont représentés par les deux courbes de la figure 6. Ils ne sont plus aussi affirmatifs que ceux de M. Bertillon. L'influence peu probable de la consécration du mariage sur la prépondérance des garçons est ici bien mise en doute.

Mais une chose se maintient, comme dans les résultats de M. Bertillon, c'est l'influence de l'âge de la mère. De 15 à 40 ans, la masculinité semble constante, là elle monte brusquement, pour retomber plus brusquement encore au delà de 45 ans.

Nous devons maintenant examiner l'influence que peut exercer, sur la masculinité statistique, un défaut dans les déclarations des embryons, défaut qui existe certainement.

56. **La variation statistique de la masculinité peut-elle être expliquée par un défaut dans la déclaration des embryons?** — Pour étudier la question, admettons qu'elle soit résolue par l'affirmative et examinons les conséquences de cette hypothèse. Et d'abord excluons de notre recherche les femmes de 45 à 50 ans dont la maternité est assez exceptionnelle pour justifier des résultats exceptionnels.

La grande masculinité pour les mères de 42 ans environ doit faire penser qu'à cet âge, les déclarations sont voisines de la sincérité complète. Admettons donc, pour la masculinité vraie, le chiffre le plus fort donné pour la statistique, à savoir [1]

$$\frac{G}{F} = 1,130,$$

et cherchons quel défaut il faut admettre dans la statistique pour reproduire cette masculinité vraie dans tous les cas observés.

Pour faire les calculs, consultons la statistique des embryons. Elle donne les résultats suivants :

Naissances légitimes.

	Age de la mère.......	15-19.	20-24.	25-29.	30-34.	35-39.	40-44.	45-49
Embryons.	Garçons G_1.	171	1373	2139	1707	1085	272	30
	Filles F_1...	83	789	1198	863	513	162	17

Naissances illégitimes.

Embryons.	Garçons G_1.	178	653	497	344	186	69	7
	Filles F_1...	115	402	376	229	94	33	7

(1) La valeur $\frac{G}{F} = 1,13$ que nous adoptons ici correspond à peu près au chiffre 1,14 qui a été obtenu, pour les chiens terriers, par M. Heape (*Proc. of the Cambridge Phil. Soc.*, t. XIV, p. 121-151. *Voir* aussi *Année biologique*, 1907, p. 153).

On peut admettre que le défaut dans les déclarations des embryons varie suivant l'état civil de la mère et suivant son âge. On devra donc chercher le nombre x par lequel il faut multiplier le couple des nombres G_1 et F_1 dans chaque case de ce Tableau, pour que les produits xG_1 et xF_1 ajoutés aux nombres G et F de la statistique conduisent pour la masculinité à la valeur

$$(1) \qquad \frac{G + xG_1}{F + xF_1} = 1,130.$$

On trouvera autant de nombres x qu'il y a de cases dans le précédent Tableau. Mais il n'est pas nécessaire de faire tous ces calculs, car c'est l'ordre de grandeur de x qui seul nous intéresse pour avoir une opinion sur la question posée.

Quel défaut, par exemple, faut-il supposer dans les déclarations des mères légitimes de 30 à 35 ans pour que la masculinité de leurs gestations monte à 1,130.

De la formule (1) on tire

$$(2) \qquad x = \frac{1,130\,F - G}{G_1 - 1,130\,F_1}.$$

D'après les Tableaux des nos 55 et 56, les nombres qui conviennent aux mères en question sont

$$G = 48211, \qquad G_1 = 1707,$$
$$F = 45327, \qquad F_1 = 863,$$

Avec ces nombres la formule (2) donne

$$x = 4,9.$$

Ainsi, il faudrait admettre, pour justifier notre hypothèse, que les embryons dissimulés sont cinq fois plus nombreux que les embryons déclarés.

Ce chiffre peut paraître énorme. Il semble pourtant concorder assez bien avec l'observation des faits. Pour m'en assurer, j'ai consulté un médecin très expérimenté, le Dr Picou, ancien aide d'Anatomie à la Faculté de Médecine de Paris. Sans connaître le résultat de mon calcul, il m'a donné sa réponse. Il estime que les embryons déclarés ne forment pas le cinquième du nombre total des embryons. Le chiffre de son estime, on le voit, se rapproche beaucoup du chiffre de mon calcul.

Nous avons parlé seulement des mères légitimes de 30 à 35 ans. Et les autres âges? Ils conduiraient pour x à des résultats du même ordre, puisque la masculinité est à peu près la même pour tous les âges de 15 à 40 ans. Quant aux naissances illégitimes elles conduiraient, pour x, à des nombres plus forts. Cette conséquence ne surprendra personne.

Mais pourquoi les femmes de 40 à 45 ans seraient-elles plus fidèles que les autres à la déclaration des embryons. Il est difficile de donner une réponse ferme; cependant des raisons peuvent être imaginées. Une moindre timidité à déclarer une chose désagréable peut venir d'une autorité plus grande, d'une situation mieux assise. Quoi qu'il en soit des raisons de sentiment qu'on peut imaginer, cherchons des lumières nouvelles dans le taux des embryons déclarés, dans la comparaison de ce taux avec la masculinité, dans la comparaison aussi de la masculinité avec la natalité.

57. **Taux des embryons déclarés dans les naissances.** — Nous avons relevé les données de la statistique pour les naissances légitimes classées suivant l'âge de la mère et pour deux périodes quinquennales, de 1895 à 1899 puis de 1900 à 1904.

Dans le double Tableau suivant, j'ai rapporté, pour chaque groupe observé, le nombre des embryons E et le nombre total N des naissances, embryons compris. Enfin j'ai formé les quotients $\frac{E}{N}$.

Naissances légitimes.

(1895-1899).

Age de la mère..	15-19.	20-24.	25-29.	30-34.	35-39.	40-44.	45-49.
Embryons E....	165	1189	1743	1418	894	242	23
Total des naissances N.	7386	59644	70360	48439	26006	7659	601
Rapport $\frac{E}{N}$.....	0,022	0,020	0,024	0,0292	0,0345	0,0316	0,0383

(1900-1904).

Embryons E....	89	973	1594	1152	704	192	24
Total des naissances N.	8483	61656	72696	45099	24222	7498	725
Rapport $\frac{E}{N}$....	0,0105	0,0158	0,0220	0,0255	0,0290	0,0256	0,0331

On voit que les quotients $\frac{E}{N}$ sont tous plus petits, quelquefois de beaucoup, dans la deuxième période que dans la première. Ce résultat étrange n'est guère naturel. Il donne à penser que les déclarations ont été plus défectueuses dans la seconde période que dans la première.

58. **Comparaison du taux des embryons avec la masculinité.** — Dans un but de comparaison, j'ai cherché les masculinités de groupes étudiés au n° 57.

Voici les résultats :

	Age de la mère..	15-19.	20-24.	25-29.	30-34.	35-39.	40-44.	45-49.
$\frac{G}{F}$.	1895 à 1899...	1,102	1,048	1,077	1,077	1,080	1,177	1,010
	1899 à 1900...	1,049	1,059	1,072	1,049	1,052	1,066	0,945

Comme dans le Tableau du n° 57, tous les résultats de la seconde période sont inférieurs à ceux de la première. Il est peu admissible que la masculinité véritable ait diminué de cette façon systématique d'une période de cinq ans à la période consécutive. N'est-il pas évident au contraire que le déchet de la masculinité est dû au déchet dans la déclaration des embryons observé au n° 57 ?

Pourquoi ce déchet dans les déclarations? La raison, je l'ignore; elle semble devoir être cherchée dans les actes administratifs. Peut-être les auxiliaires de l'administration se sont-ils relâchés. Peut-être l'expérience a-t-elle montré au public, avec trop d'évidence, qu'il y a tout avantage à ne pas faire les déclarations prescrites.

59. **Comparaison de la natalité avec la masculinité.** — Qu'on jette les yeux sur la statistique des divers pays [1], on est frappé de la divergence de l'Espagne avec la France sa voisine et même avec tous les autres pays.

La période 1901-1905, par exemple, donne le Tableau de comparaison que voici :

	$\frac{G}{F}$. Vivants.	$\frac{G}{F}$. Mort-nés.
Espagne................	1,102	1,492
France.................	1,040	1,352

[1] *Statistique générale de la France. Statistique internationale :* Résumé rétrospectif jusqu'en 1905 ; Paris, 1907, p. 188 et 189.

Faut-il croire que le peuple espagnol soit doué d'une masculinité beaucoup plus forte que les autres peuples? Doit-on penser au contraire que la masculinité vraie est la même et que les chiffres plus forts de l'Espagne viennent d'une mortalité moindre dans les quatre premiers mois de la gestation? La question reste entière, car il semble impossible d'interroger sur ce point la statistique. Toutefois une remarque peut être faite : en Angleterre, en France, en Suisse, en Belgique, la masculinité est faible et va en diminuant. Elle diminue aussi en Italie. Elle est forte et augmente en Espagne et en Portugal. N'est-ce pas là un résultat de l'évolution des mœurs? Ne peut-on penser que certaines pratiques d'hygiène, s'il est permis d'employer ici cet euphémisme, se développent dans certains pays. Ces pratiques multiplient sans doute la mortalité dans les premiers temps de la gestation; la mortalité frappe de préférence les garçons; de là un déchet dans la masculinité observée par la statistique. Dans cette hypothèse, on doit voir la natalité diminuer en même temps que la masculinité. Or, c'est ce qu'on observe pour les pays à masculinité décroissante que je viens de citer.

Fig. 7.

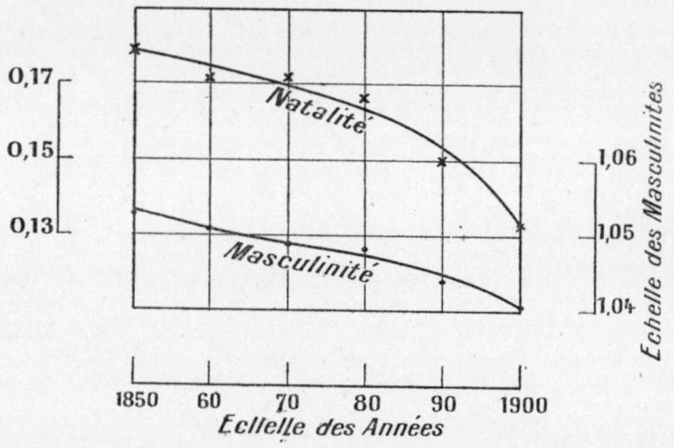

Pour la France, voici les chiffres :

Années.	Natalité.	Masculinité.
1846-1855	0,179	1,053
1856-1865	0,172	1,051
1866-1875	0,172	1,049
1876-1885	0,167	1,048
1886-1895	0,150	1,044
1896-1905	0,134	1,041

La masculinité est mesurée par le rapport $\frac{G}{F}$ du nombre des garçons à celui des filles ;

La natalité est mesurée par le quotient obtenu en divisant le nombre des naissances annuelles par le nombre des femmes mariées.

Les chiffres sont représentés par le graphique de la figure 7.

On voit bien que la masculinité baisse avec la natalité.

60. **Conclusions.** — En résumé, la masculinité *statistique* dépend du temps, du lieu, de l'état civil et de l'âge de la mère. Les trois premières influences ne sont qu'apparentes, cela est presque certain; elles correspondent à un défaut de la statistique relativement aux embryons. L'influence de l'âge de la mère sur la masculinité vraie serait plus acceptable, mais elle est loin d'être prouvée. Il serait curieux, sur ce point, de comparer la masculinité suivant l'âge de la mère en France et en Espagne. On verrait si l'influence apparente de l'âge de la mère sur la masculinité se maintient dans le même sens, dans les deux pays. Dans cette hypothèse, il faudrait admettre que l'influence est réelle. Dans le cas contraire, il faudrait conclure que l'apparence est due aux défauts de la statistique.

Quoi qu'il en soit, les conclusions suivantes s'imposent :

1° Les embryons déclarés forment une très faible partie des embryons réels ;

2° C'est l'ignorance sur les embryons qui produit les inégalités dans la statistique des sexes ;

3° L'influence de l'âge de la mère, qui est acceptable et qui ressort de la statistique, peut très bien être illusoire et venir seulement d'une évolution du sentiment des mères relativement à la déclaration des embryons;

4° La masculinité des naissances parisiennes est beaucoup plus forte qu'on ne croyait autrefois; pour les femmes de 40 à 45 ans, et pour la période quinquennale de 1895 à 1899 nous avons trouvé $\frac{G}{F} = 1,177$. Il n'y a rien d'impossible à ce que ce chiffre ou même un chiffre plus fort doive remplacer la valeur $\frac{G}{F} = 1,0355$ que rapporte Cournot (p. 303), en tenant compte seulement des naissances vivantes. On voit par là combien sont vaines les recherches exposées par Cournot en ce qui touche le problème de zoologie qu'il avait en vue.

§ 3. — LOIS DE MORTALITÉ (¹).

61. Le problème de la mortalité. — L'étude du sexe dans les conceptions humaines présente, nous l'avons vu, de grosses difficultés. Encore est-ce un problème de zoologie bien défini. Il en va autrement de la mortalité. Normalement, tous les hommes sains devraient vivre le même temps, limité par l'épuisement des forces vitales. On observerait seulement de faibles écarts accidentels réglés par la loi de Bernoulli. Ce sont les mauvaises conditions d'hygiène, les intempéries, les épidémies, les violences qui occasionnent la mort prématurée. La mort des enfants nés chétifs n'est-elle pas elle-même le résultat d'accidents, soit dans la vie utérine, soit dans la vie de leurs ascendants ? Le problème, on le voit, est impossible même à définir, au point de vue de la physiologie pure. Pourtant, il est impérieusement posé par les nécessités sociales, par les besoins des assurances, en particulier. Tant bien que mal, il faut le résoudre.

Pierre veut s'assurer sur la vie. Il s'adresse à une compagnie d'assurances. Celle-ci a besoin, pour ses calculs, de connaître la probabilité du décès de Pierre à chaque âge. La probabilité ne peut être connue qu'*a posteriori* par l'observation d'un groupe d'individus.

La loi de mortalité observée, on le comprend, varie d'un groupe à l'autre, avec le sexe, avec la situation sociale des individus du groupe et aussi suivant que l'époque envisagée a été plus ou moins éprouvée par le fléau de la guerre ou des épidémies.

La valeur des calculs relatifs à Pierre dépendra de sa plus ou moins grande affinité avec le groupe dont l'observation sert de base au calcul. Le choix du groupe est la *sélection*.

(¹) Poterin du Motel, *Théorie des assurances sur la vie*, 1899.

Cet excellent Ouvrage a servi de base à la rédaction du présent paragraphe. J'y renvoie le lecteur curieux des questions d'assurances. Pour l'*établissement des tables de mortalité*, on aura aussi avantage à consulter le Livre publié récemment par M. Risser, à la Librairie des Assurances.

62. La sélection. — La sélection par *le sexe* est une des plus intéressantes et des mieux étudiées : pendant l'enfance et la vie intra-utérine, la mortalité des garçons est supérieure à celle des filles. La mortalité des femmes devient supérieure à celle des hommes de 20 à 45 ans, pour retomber au-dessous, passé ce dernier âge. Voici les chiffres :

	Taux annuels de mortalité.	
Ages.	Hommes.	Femmes.
20	0,0063	0,0069
30	0,0077	0,0119
40	0,0103	0,0126
50	0,0160	0,0145
60	0,0297	0,0237
70	0,0622	0,0556
80	0,1447	0,1218

Ces résultats, mis en graphique, conduisent à la figure suivante (*fig.* 8) :

Fig. 8.

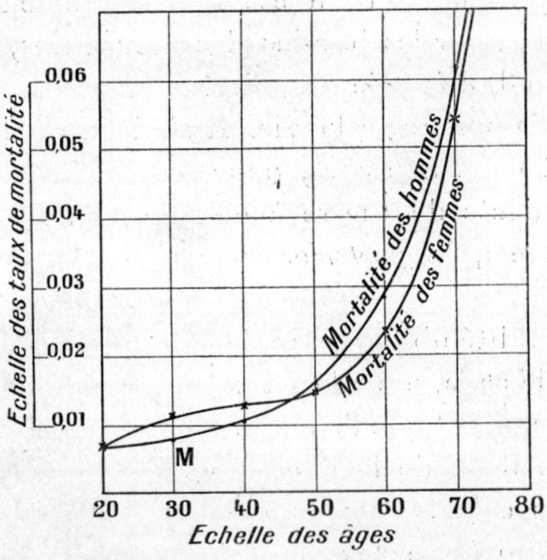

Les compagnies d'assurances étudient de même l'influence du *climat*, celle de la *profession*, puis celle de *l'époque* en raison de l'amélioration progressive de l'hygiène.

Quelques mots encore d'une sélection spéciale à l'assurance elle-même.

Pierre se croit menacé. Inquiet, il veut assurer à son enfant un capital en cas de décès. Il en obtiendra la promesse en versant à une Compagnie d'assurances une annuité convenablement calculée.

Paul est célibataire; bien portant, il ne songe guère à la mort. Mais il vit étroitement du revenu d'un petit capital. Il va le placer *à fonds perdu,* pour obtenir une *rente viagère* supérieure à son revenu normal. Au décès de Paul, le capital engagé demeurera la propriété de l'assureur.

Pierre est assuré *en cas de décès;* Paul, *en cas de vie.* Leur sélection diffère, comme je viens de l'expliquer. La mortalité de Pierre est plus grande que celle de Paul. L'expérience des compagnies d'assurances le montre.

Les combinaisons des assurances sont nombreuses. Elles comportent des cas intermédiaires entre ceux de Pierre et de Paul. Les compagnies tiennent compte de ces modalités, mais utilisent seulement les deux Tables des cas extrêmes, pour ne pas compliquer démesurément les choses.

63. **Table de survie et Table des taux de mortalité.** — Qu'on observe un groupe de 1000 têtes, par exemple, et qu'on inscrive à côté de chaque âge le nombre des survivants de cet âge, on a ce qu'on appelle une *Table de survie.* C'est la disposition la plus commode qu'on puisse donner à la représentation de la loi de mortalité [1].

Voulons-nous la probabilité, pour une tête de 30 ans, de vivre à 36 ans? Les nombres de survivants à ces âges sont, dans la Table de Deparcieux,

$$v_{30} = 734; \qquad v_{36} = 686.$$

La probabilité cherchée est donc, en admettant le principe des probabilités *a posteriori,*

$$\frac{v_{36}}{v_{30}} = \frac{686}{734} = 0{,}935.$$

La probabilité de décès avant 36 ans, pour la tête de 30 ans, est, de même,

$$\frac{v_{30} - v_{36}}{v_{30}} = 1 - \frac{v_{36}}{v_{30}} = 0{,}065.$$

---

[1] *Voir* la Table de Deparcieux (n° 67).

Cette probabilité, divisée par le nombre 6 des années courues, est le taux annuel moyen de mortalité pendant les 6 années. Sa valeur est

$$q_{30}^{36} = \frac{1}{6}\,\frac{v_{30} - v_{36}}{v_{30}} = \frac{0{,}065}{6} = 0{,}011.$$

De même, et plus particulièrement, la probabilité de mourir dans l'année, pour une tête de 30 ans, est

$$q_{30} = \frac{v_{30} - v_{31}}{v_{30}} = \frac{734 - 726}{734} = 0{,}0109.$$

Ce nombre est appelé aussi *taux de la mortalité annuelle* à 30 ans.

La Table de survie permet de construire une Table des taux de mortalité, comme on vient de voir. On trouve la Table de survie à la fin du présent paragraphe (p. 75), d'après plusieurs auteurs.

Inversement, la Table des taux annuels de mortalité permet de remonter à la Table de survie, pourvu qu'on adopte une *origine arbitraire.*

Si l'on adopte 1000 pour le nombre v_3 des têtes observées à 3 *ans*, comme dans la Table de Deparcieux, on calculera v_4 par la formule

$$\frac{v_3 - v_4}{v_3} = q_3,$$

d'où l'on tire

$$v_4 = v_3(1 - q_3).$$

On connaît v_3 par la convention *d'origine*, q_3 par la Table des taux de mortalité. On en déduit v_4. Connaissant v_4, on calcule de même v_5 et ainsi de suite.

La Table des taux de mortalité est commode pour comparer entre elles les mortalités aux divers âges ou pour comparer entre elles deux lois de mortalité, comme on vient de le faire au n° 62.

64. **La statistique de la mortalité.** — La statistique peut suivre plusieurs méthodes pour étudier la mortalité :

Méthode des registres de l'état civil. — Suivre sur les registres de l'état civil une génération depuis la naissance, en 1800 par exemple, jusqu'à son extinction, et retrancher chaque année le nombre des décès de l'année du nombre des survivants, c'est la méthode théorique indiquée au n° 63, pour la construction de la Table de survie.

Elle est entachée des erreurs provenant de l'immigration et de l'émigration. Pour éviter ces erreurs, on peut combiner les données des registres de l'état civil avec ceux des recensements, comme je vais l'indiquer.

Méthode des recensements. — C'est la méthode appliquée en France par le Ministère du Travail. Le 24 mars 1901, par exemple, on a fait un recensement général de la population. Par là on connaît les nombres de vivants de tous âges à cette date. Celui des hommes de 30 ans est, par exemple, v_{30}.

D'autre part, les registres de l'état civil donnent les décès dans l'année qui suit la date du recensement. Les décès portant sur les hommes de 30 ans, par exemple, est un nombre d_{30}. Le quotient $\frac{d_{30}}{v_{30}}$ est alors le taux de mortalité des hommes de 30 ans.

La méthode comporte des difficultés dans le détail desquels il ne convient pas d'entrer ici. On les trouvera exposées dans une remarquable communication faite par M. March, chef de la statistique générale de la France, à la Société de Statistique de Paris (séance du 20 juin 1906).

Une méthode qui se rattache aux précédentes a été appliquée par Halley à la ville de Bresleau; la voici :

Méthode des décès. — Elle consiste à relever le nombre des décès aux différents âges pendant une période déterminée (1687 à 1690).

On prend alors pour taux de mortalité à 30 ans, par exemple, le quotient obtenu en divisant le nombre d_{30} des décès survenus de 30 à 31 ans par le nombre total des décès survenus au-dessus de 30 ans, savoir $d_{30} + d_{31} + d_{32} + \ldots$. En sorte que le nombre adopté pour le taux de mortalité à 30 ans est $\frac{d_{30}}{d_{30} + d_{31} + d_{32} + \ldots}$.

La méthode, pour être correcte, suppose que la population se trouve observée, dans une période où elle est stationnaire. Et en effet, les décès de 30 à 31 ans portent sur le groupe des hommes âgés de 30 ans à l'époque de l'observation. C'est un autre groupe, une génération antérieure, dont les décès sont relevés à la même époque, à l'âge de 45 ans, par exemple. Et cette génération antérieure serait moins nombreuse que celle des hommes de 30 ans si la population se trouvait dans une période de croissance. Alors, le chiffre d_{45} serait plus faible qu'il ne convient.

Méthode des taux de mortalité. — Les méthodes précédentes s'appliquent à l'ensemble d'une population. Elles conviennent mal aux assurances, parce qu'elles ne se prêtent pas à la sélection. Voici une méthode qui est plus avantageuse : Le groupe étudié à 30 ans, par exemple, est suivi pendant une année seulement. Il est facile de prendre le taux de mortalité qui lui convient. Il n'est pas nécessaire de consulter les mêmes têtes pour avoir le taux de mortalité à 31 ans. Pourvu que les nouvelles têtes appartiennent à la même catégorie d'individus, cela suffit. Cette méthode, particulièrement favorable à l'emploi des documents que possèdent les compagnies d'assurances, leur permet d'étudier les catégories d'individus les plus intéressantes pour elles.

65. **Ajustement des résultats de la statistique. Table AF** (1). — Portons sur un graphique les résultats de la statistique (*fig.* 9). L'échelle horizontale est celle des âges. L'échelle verticale est celle des taux de mortalité. On obtient ainsi des points tels que M et M′, lesquels correspondent aux taux de mortalité observés : $q_{80} = 0{,}1306$, $q_{82} = 0{,}2077$. Les points dessinent grossièrement une courbe continue. Ils la dessinent mal à cause des erreurs accidentelles qui les placent soit trop haut, soit trop bas, à peu près *équitablement*. Ainsi, le point M′ qui correspond à l'âge de 82 ans est visiblement trop haut, en comparaison du point voisin M. La même raison qui nous a fait adopter la moyenne des 26 années d'observation, pour la fréquence des garçons dans les naissances, conduit à adopter, pour définir les taux de mortalité, une *courbe moyenne* laissant les points obtenus tantôt au-dessus, tantôt au-dessous d'elle, équitablement. La recherche de cette courbe moyenne est l'*ajustement*. L'ajustement est satisfaisant si les écarts entre les points et la courbe adoptée suivent la loi de distribution de Bernoulli.

---

(1) *Tables de mortalité du Comité des Compagnies d'assurances à primes fixes sur la vie*, Gauthier-Villars, 1895.

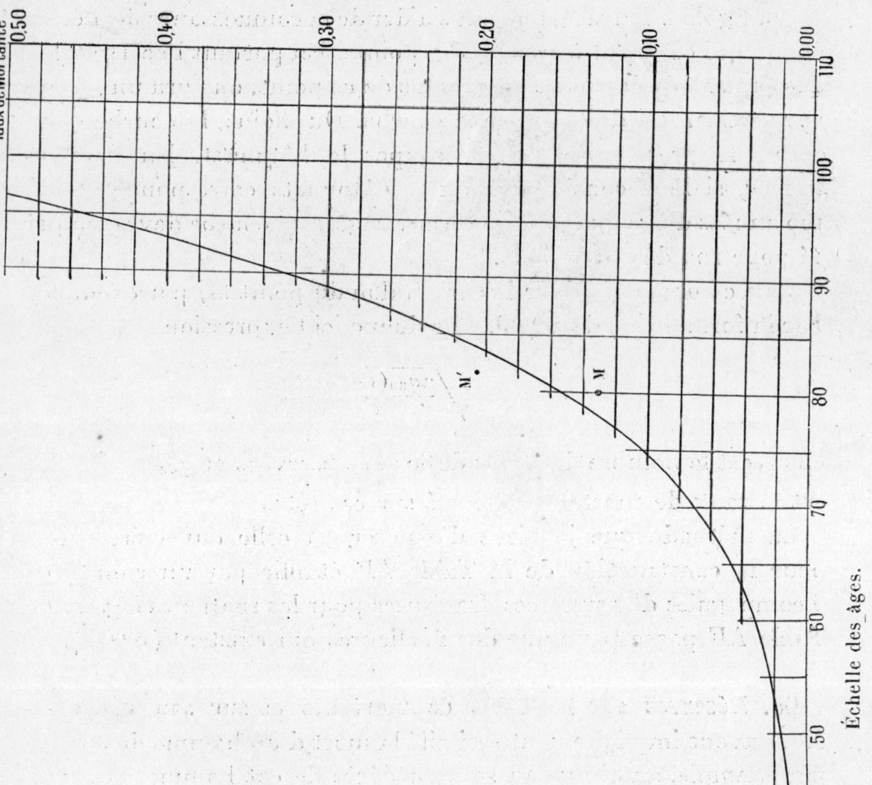
Taux de Mortalité
0,50
0,40
0,30
0,20
0,10
0,00
110
100
90
80
70
60
50
40
30
20
10
0
M'
M
0,10
0,00
Échelle des âges.
Courbe des taux de mortalité.

Fig. 9.

Pour guider le tracé, on peut s'aider de la connaissance de l'écart étalon qui convient à chacun des points. En portant l'écart étalon du point M au-dessus et au-dessous de ce point, on aura un bâtonnet vertical qui doit couper la courbe. Du moins, la courbe cherchée a la probabilité 0,84 de couper le bâtonnet. En d'autres termes, si l'on considère les 100 bâtonnets correspondant aux 100 années d'âge que je suppose envisagées, la courbe devra couper 84 pour 100 des bâtonnets.

Mais comment évaluer l'écart étalon du point M, par exemple? Par la formule (1) du n° 29. Elle donne ici l'expression

$$e(80) = \sqrt{\frac{2q_{80}(1-q_{80})}{v_{80}}},$$

où v_{80} est le nombre des têtes de 80 ans observées et $q_{80} = \frac{v_{80} - v_{81}}{v_{80}}$ est le taux de mortalité observé sur ces têtes.

La méthode que je viens d'exposer est celle qui a été suivie pour la construction de la Table AF établie par un comité de 6 compagnies d'assurances françaises pour les rentiers viagers. La Table AF passe pour une des meilleures qui existent (n° 67).

66. Réserves sur la Table de mortalité et sur son usage. — Nous avons implicitement assimilé la mort d'un homme de 30 ans, par exemple, au tirage au sort du décès de cet homme dans une urne contenant une fréquence de mort :

$$q_{30} = 0,007.$$

A cette condition seulement, on peut dire que l'écart étalon correspondant à la mortalité q_{30} est

$$e(30) = \sqrt{\frac{2q_{30}(1-q_{30})}{v_{30}}}.$$

L'assimilation n'est malheureusement pas légitime. Elle l'est d'autant moins que le groupe qui a servi de base à la Table est moins homogène. Notre étude sur la masculinité des enfants nés vivants nous avertit que les écarts seront trop grands, plus grands que ceux qu'indique la loi de Bernoulli.

La même réserve doit être faite sur l'usage de la Table : Paul a 30 ans. Contre l'abandon de son capital, il demande une rente viagère. On la calculera, *en admettant* que sa probabilité de mort est, chaque année, mesurée par le taux de mortalité de la Table des rentiers viagers. L'évaluation est entachée d'incertitude. Elle est d'autant moins bonne que le groupe de la Table est plus hétérogène et que Paul a moins d'affinité avec le groupe. Dans l'ensemble des assurances calculées avec la Table, les écarts entre la Table de mortalité et l'observation seront plus grands que ceux qu'indique le calcul des probabilités. Les compagnies doivent en tenir compte pour ne pas subir fâcheusement l'effet de ces écarts trop grands.

Une observation doit être encore faite sur la manière d'opérer l'ajustement. Ce qui entre dans le calcul, ce qui sert à fixer les chiffres des assurances, c'est la probabilité du décès à chaque âge. Pour l'évaluer, on n'a que le taux de mortalité à cet âge. *Le taux de mortalité*, voilà le chiffre qu'il faut obtenir avec toute l'exactitude possible. C'est donc sur les taux de mortalité qu'il convient d'opérer l'ajustement, comme nous l'avons fait au nº 65.

Qu'arriverait-il, si l'on opérait l'ajustement sur la courbe de survie? La courbe de survie ajustée permettrait de calculer les taux de mortalité. Le calcul se ferait par différences, comme il a été expliqué au nº 63. On s'exposerait ainsi à des erreurs graves [1]; car c'est un fait général bien connu des mathématiciens qu'on obtient de mauvais résultats en différentiant une courbe graphique.

Au contraire, la Table de survie ajustée peut être déduite avantageusement de la courbe ajustée des taux de mortalité en retranchant, chaque année, les décédés nouveaux du nombre des vivants. La *totalisation* du nombre des décédés qui s'opère ainsi soustractivement ne conduit pas à des erreurs sensibles. C'est encore un fait général qu'on obtient de bons résultats en *sommant* une courbe graphique. Nous n'insisterons pas sur ces vérités qui sont du domaine des mathématiques générales et n'appartiennent pas en particulier à la théorie des probabilités.

67. Quelques Tables de mortalité des compagnies d'assurances. — *Table de Deparcieux* (1746) [2]. — Elle a été établie d'après les résul-

---

(1) Poterin du Motel, *Théorie des assurances sur la vie*, nº 94.

(2) Deparcieux, *Essais sur les probabilités de la vie humaine*, 1746.

tats observés dans plusieurs *tontines* (1689-1734) sur 10000 têtes environ. La tontine est une association d'individus imaginée par le napolitain *Lorenzo Tonti*. Chacun convient de jouir viagèrement de son revenu, mais d'abandonner ensuite son capital aux survivants. Les tontiniers sont, ont le voit, des rentiers viagers.

Aussi la Table de Deparcieux servit-elle de base aux calculs des Compagnies d'assurances qui firent les premières opérations de rentes viagères. Cependant la mortalité de leur clientèle est demeurée pendant un siècle inférieure à celle de la Table.

La Table de Deparcieux n'est donc pas assez lente. Nous citerons deux autres Tables relatives aux rentiers viagers, la Table CR et la Table RF.

La Table CR (1887) fut établie par M. Fontaine ([1]), alors actuaire de la Caisse des Dépôts et Consignations, au moyen des rentiers viagers de la Caisse nationale des Retraites.

La Table RF (1895) ([2]) a été dressée par les compagnies d'assurances françaises au moyen de leurs rentiers viagers.

Passons aux Tables à mortalité rapide pour les *assurances en cas de décès*.

Table de Duvillard (1806) ([3]). — C'est une Table relative à l'ensemble de la population de la France avant la révolution.

Ne comportant pas la sélection systématique des rentiers viagers et se référant en outre à une période où l'hygiène était inférieure à celle de notre époque, elle est à mortalité rapide. Toutefois, la mortalité dans la vieillesse est moindre sur la Table de Duvillard que sur les Tables récentes.

La Table de Duvillard a servi aux compagnies d'assurances au commencement du XIXe siècle pour calculer les *assurances en cas de décès*.

Table des vingt compagnies anglaises (1869). — La Table a été dressée par l'*Institute of Actuaries* de Londres au moyen des données fournies par les vingt compagnies.

([1]) FONTAINE, *Revue des Institutions de prévoyance* (mars, 1889).

([2]) *Tables de mortalité du Comité des Compagnies d'assurances à primes fixes sur la vie.*

([3]) DUVILLARD, *Analyse de l'influence de la petite vérole sur la mortalité*, 1806.

Tables de mortalité des compagnies d'assurances.

AGE.	DUVILLARD	A.F.	DEPARCIEUX.	R.F.	C.R	AGE.	DUVILLARD.	A.F.	DEPARCIEUX.	R.F.	C.R.
0	1000000	1000000	»	1000000	»	**53**	273560	596389	549	622913	68417
1	767525	963985	»	963985	»	**54**	265450	584594	538	613494	67233
2	671834	937488	»	937488	»	**55**	257193	572246	526	603634	65999
3	624668	917939	1000	917939	100000	**56**	248782	559322	514	593302	64717
4	598713	903486	970	903486	99285	**57**	240214	545797	502	582465	63387
5	583151	892765	948	892765	98708	**58**	231488	531649	489	571092	62007
6	573025	884754	930	884754	98244	**59**	222605	516861	476	559149	60577
7	565838	878676	915	878676	97870	**60**	213567	501417	463	546604	59093
8	560245	873932	902	873932	97561	**61**	204380	485307	450	533427	57552
9	555486	870056	890	870056	97294	**62**	195054	468525	437	519588	55951
10	551122	866684	880	866684	97045	**63**	185600	451075	423	505060	54285
11	546888	863529	872	863529	96790	**64**	176035	432964	409	489820	52548
12	542630	860371	866	860371	96505	**65**	166377	414214	395	473851	50736
13	538255	857043	860	857043	96176	**66**	156651	394851	380	457139	48842
14	533711	853426	854	853426	95796	**67**	146882	374918	364	439680	46861
15	528969	849446	848	849446	95361	**68**	137102	354468	347	421478	44794
16	524020	845069	842	845069	94870	**69**	127347	333567	329	402549	42642
17	518863	840298	835	840298	94326	**70**	117656	312299	310	382919	40407
18	513502	835173	828	835173	93734	**71**	108070	290759	291	362630	38096
19	507949	829762	821	829762	93096	**72**	98637	269062	271	341741	35718
20	502216	824159	814	824159	92423	**73**	89404	247333	251	320328	33282
21	496317	818471	806	818471	91724	**74**	80423	225714	231	298484	30799
22	490267	812809	798	812809	91011	**75**	71745	204359	211	276325	28288
23	484083	807271	790	807271	90297	**76**	63424	183430	192	253984	25769
24	477777	801926	782	801926	89598	**77**	55511	163096	173	231618	23265
25	471366	796786	774	796786	88918	**78**	48057	143530	154	209398	20802
26	464863	791780	766	791817	88260	**79**	41107	124896	136	187512	18409
27	458282	786713	758	786827	87623	**80**	34705	107354	118	166162	16109
28	451635	781578	750	781811	87002	**81**	28886	91047	101	145553	13927
29	444932	776368	742	776764	86388	**82**	23680	76094	85	125891	11883
30	438183	771075	734	771681	85777	**83**	19106	62588	71	107374	9995
31	431398	765690	726	766556	85165	**84**	15175	50588	59	90185	8275
32	424583	760203	718	761383	84551	**85**	11886	40118	48	74477	6737
33	417744	754606	710	756156	83935	**86**	9224	31159	38	60372	5388
34	410886	748887	702	750866	83319	**87**	7165	23658	29	47947	4231
35	404012	743036	694	745508	82701	**88**	5670	17523	22	37232	3261
36	397123	737039	686	740070	82081	**89**	4686	12632	16	28204	2470
37	390219	730884	678	734545	81454	**90**	3830	8841	11	20791	1838
38	383300	724556	671	728922	80817	**91**	3093	5992	7	14874	1347
39	376363	718042	664	723190	80165	**92**	2466	3920	4	10296	972
40	369404	711324	657	717338	79495	**93**	1938	2468	2	6873	691
41	362419	704386	650	711352	78807	**94**	1499	1490	1	4408	482
42	355400	697210	643	705219	78102	**95**	1140	859	»	2706	330
43	348342	689777	636	698925	77382	**96**	850	471	»	1583	220
44	341235	682067	629	692452	76646	**97**	621	245	»	878	142
45	334072	674058	622	685784	75894	**98**	442	120	»	459	88
46	326843	865729	615	678902	75120	**99**	307	55	»	225	52
47	319539	657056	607	671787	74316	**100**	207	23	»	103	28
48	312148	648015	599	664417	73472	**101**	135	9	»	44	11
49	304662	638581	590	656770	72579	**102**	84	3	»	17	2
50	297070	628727	581	648823	71629	**103**	51	1	»	6	»
51	289361	618429	571	640548	70618	**104**	29	»	»	2	»
52	281527	607659	560	631921	69546	**105**	(1) 16	»	»	1	»

(1) Cette Table donne le nombre des vivants jusqu'à 109 ans.

On a construit trois Tables de mortalité, une pour les hommes, (H^M), une pour les femmes (H^F), la troisième pour l'ensemble (H^{MF}). Celle-ci est d'accord avec la Table AF des assurances françaises en *cas de décès* dont il me reste à parler.

Table AF. — Les compagnies d'assurances françaises ont pu recueillir, relativement à leurs assurés en cas de décès, un nombre d'observations assez considérable pour obtenir une des statistiques les plus dignes de confiance qui existent actuellement. Le nombre des décès a été 22617, sur 229143 têtes observées, avec un total de 1800000 années d'existence environ (cf. n° 65).

Citons encore les Tables de mortalité des Sociétés de secours mutuels, établies par le Ministère du Travail. (Rapport de M. Quiquet. Paris, Imprimerie Nationale, 1911.)

Nous donnons réunies ici (p. 75) les Tables Deparcieux, Duvillard, CR, RF, AF, d'après l'Ouvrage de Poterin du Motel.

68. Tables de mortalité démographiques. — On appelle ainsi des Tables qui représentent la mortalité d'un grand pays. M. Lucien March, chef de la statistique générale de la France, a publié (¹) les *Tables de mortalité de la population de la France au début du* XXe *siècle*. Elles forment le Tableau II des pages 80 et suivantes. Au sujet de ces Tables, je ne puis mieux faire que de reproduire les renseignements qu'on trouve à la fin de son beau travail :

« Les plus anciennes Tables établies pour la population totale de la France sont celles de Demontferrand, calculées exclusivement d'après les décès de 1817 à 1831 (²).

Les premières Tables calculées par comparaison des décès et des chiffres de population à chaque âge sont celles du Dr Adolphe Bertillon. L'une d'elles résulte de la comparaison de la liste des décès de 1840 à 1859 et de la liste de population par âge, moyenne des recensements de 1851, 1856 et 1861. Le coefficient de mortalité à chaque âge est le rapport du nombre des décès au chiffre correspondant des vivants augmenté de la moitié des décès; une correction supplémentaire a été faite de 0 à 1 an, et au-dessus de 75 ans pour tenir compte de la variation rapide

---

(¹) Communication faite à la Société de Statistique de Paris, séance du 20 juin 1906.

(²) *Journal de l'École Polytechnique*, t. XVI, 1838.

de la mortalité à ces âges. Cette Table donne les survivants année par année jusqu'à 5 ans, de 5 en 5 ans au delà ([1]).

Une autre Table établie par le même auteur, année par année d'âge, à l'aide des décès de 1856 à 1865 et des recensements de 1856, 1861 et 1865, a été reproduite par Quetelet dans le *Bulletin de la Commission centrale de statistique de Belgique*, t. XIII, 1878.

Puis, Table construite par le service de la statistique générale de la France d'après les décès enregistrés pendant cinq années et la population moyenne résultant des recensements de 1861 et 1866 ([2]).

Enfin, Table construite par le service de la statistique générale de la France d'après les décès de la période 1877-1881 et les recensements de 1876 et 1881 ([3]).

Sauf celle calculée par le Dr A. Bertillon pour la période 1856-1865, ces Tables ne font connaître les survivants et les quotients de mortalité que par périodes d'âge quinquennales.

Le Tableau I ci-après contient une série d'éléments comparatifs, correspondant aux diverses Tables calculées pour la population française.

On y a ajouté, à titre documentaire, les valeurs de ces éléments dans quelques Tables calculées pour des têtes choisies.

Nous nous bornerons ici à remarquer que la vie probable et l'espérance de vie ont augmenté à presque tous les âges et surtout, comme il est naturel, aux âges peu élevés.

Les deux chiffres inscrits dans la dernière colonne indiquent que 100 garçons mis au monde annuellement auraient produit 1409 hommes de 20 à 45 ans dans les conditions de mortalité de la période 1856-1865, tandis que, sous les conditions actuelles, le nombre d'hommes adultes serait de 1650. »

([1]) *Journal de la Société de statistique de Paris*, mars 1866, p. 61.

([2]) *Statistique de la France*, 2e série, t. XVIII, mouvement de la population de 1861 à 1865, p. XCI.

([3]) *Statistique annuelle du mouvement de la population en* 1884, p. XXXIX.

TABLEAU I. — ÉLÉMENTS COMPARATIFS.

	MOYENNE DES QUOTIENTS DE MORTALITÉ (sur 1 000 000)			
	de 5 à 15 ans.	de 20 à 30 ans.	de 40 à 50 ans.	de 70 à ans.
SEXES RÉUNIS.				
1° *Population totale :*				
PÉRIODES. 1898-1903 (Recensement)	393	731	1174	993
1877-1881 (Statistique générale)	//	//	//	//
1861-1865 (Statistique générale)	//	//	//	//
1856-1865 (Ad. Bertillon)	//	//	//	//
1841-1859 (Ad. Bertillon)	//	//	//	//
2° *Têtes choisies :*				
3 Compagnies d'assurances (1900 D.)	223	//	988	808
4 » » (A. F. 1892)	496	662	1227	1009
4 » » (R. F. 1892)	496	656	999	798
Caisse nationale des retraites (C. R. 1887)	314	743	956	868
Duvillard (1806)	//	//	//	//
Deparcieux (1746)	//	//	//	//
SEXE MASCULIN.				
1° *Population totale :*				
PÉRIODES. 1898-1903 (Recensement)	376	751	1348	1074
1877-1881 (Statistique générale)	//	//	//	//
1861-1865 (Statistique générale)	//	//	//	//
1856-1865 (Ad. Bertillon)	//	//	//	//
1841-1859 (Ad. Bertillon)	//	//	//	//
1817-1831 (Demontferrand)	//	//	//	//
2° *Têtes choisies :*				
3 Compagnies d'assurances (1900 D.)	219	//	1106	909
SEXE FÉMININ.				
1° *Population totale :*				
PÉRIODES. 1898-1903 (Recensement)	411	720	1004	929
1877-1881 (Statistique générale)	//	//	//	//
1861-1865 (Statistique générale)	//	//	//	//
1856-1865 (Ad. Bertillon)	//	//	//	//
1840-1859 (Ad. Bertillon)	//	//	//	//
1817-1831 (Demontferrand)	//	//	//	//
2° *Têtes choisies :*				
3 Compagnies d'assurances (1900 D.)	227	//	910	744

TABLEAU I (*suite*). — ÉLÉMENTS COMPARATIFS.

VIE PROBABLE						ESPÉRANCE DE VIE (VIE MOYENNE)						SURVIE adulte masculine (hommes de 20 à 4 ans p^{r} 100 garçons nés vivants chaque année)
à la naissance.	à 10 ans.	à 20 ans.	à 30 ans	à 60 ans	à 80 ans.	à la naissance.	à 10 ans.	à 20 ans.	à 30 ans.	à 60 ans.	à 80 ans	
6,69	55,42	46,40	37,96	13,77	3,72	47,40	50,89	42,81	35,65	14,48	5,17	″
″	″	″	″	″	″	42,13	49,04	41,38	34,71	14,13	4,96	″
4,40	54.20	45,60	37,50	13,50	3,75	39,85	48,70	41,40	34,90	13,75	4,55	″
5,67	54,00	45,36	37,31	13,11	4,12	″	″	″	″	″	″	″
″	″	″	″	″	″	40,05	″	″	″	″	″	″
″	″	″	″	″	″	″	″	″	″	″	″	″
0,09	53,98	45,11	36,47	12,84	3,74	52,02	49,57	41,84	34,38	13,29	4,50	″
3,33	57,35	48,50	39,85	15,13	4,45	54,15	52,03	44,43	37,12	15,24	5,20	″
″	56,10	47,31	38,88	14,50	4,14	″	51,02	43,27	36,25	14,67	4,99	″
0,38	42,75	55,72	29,39	11,14	3,45	28,76	40,80	34,26	28,52	11,95	4,60	″
″	51,72	44,14	36,81	13,97	4,00	″	46,83	40,22	34,06	14,25	4,69	″
4,02	53,71	44,69	36,35	13,06	3,49	45,74	49,75	41,53	34,35	13,81	4,87	1650
″	″	″	″	″	″	40,83	48,25	40,42	33,83	13,58	4,83	″
3,30	53,60	45,10	37,00	13,40	3,70	39,10	48,70	41,20	34,65	13,55	4,40	″
4,67	53,71	45,00	36,94	13,12	3,80	″	″	″	″	″	″	1409
″	″	″	″	″	″	39,30	″	″	″	″	″	″
1,90	52,50	44,10	36,50	12,90	3,75	38,30	47,00	40,00	34,00	13,25	4,75	″
″	″	″	″	″	″	″	″	″	″	″	″	″
9,51	57,10	48,08	39,48	14,43	3,90	49,13	52,03	44,02	36,93	15,08	5,38	″
″	″	″	″	″	″	43,42	49,75	42,25	35,50	14,53	5,00	″
5,50	54,60	46,10	38,00	13,60	3,80	40,55	48,75	41,60	35,10	13,90	4,66	″
6,67	54,21	45,71	37,69	13,39	4,37	″	″	″	″	″	″	″
″	″	″	″	″	″	41,00	″	″	″	″	″	″
5,60	52,30	43,80	35,60	12,70	3,75	40,80	49,90	43,80	33,40	13,20	4,75	″
″	″	″	″	″	″	″	″	″	″	″	″	″

Tableau II. — Tables de mortalité et de survie de la population de la France

d'après les résultats du recensement du 24 mars 1901 combinés avec les relevés de l'état civil de 1898 à 1903.

AGES.	P^M (sexe masculin). Survivants sur 100 000 nés vivants.	P^M Quotients de mortalité par période pour 1000.	P^M Quotients de mortalité moyenne par jour pour 1 000 000.	P^M Espérance de vie à chaque âge.	P^F (sexe féminin). Survivants sur 100 000 nés vivants.	P^F Quotients de mortalité par période pour 1000.	P^F Quotients de mortalité moyenne par jour pour 1 000 000.	P^F Espérance de vie à chaque âge.	P^{MF} (population totale). Survivants sur 100 000 nés vivants.	P^{MF} Quotients de mortalité par période pour 1000.	P^{MF} Quotients de mortalité moyenne par jour pour 1 000 000.	P^{MF} Espérance de vie à chaque âge.	Population aux divers âges pour 100 000 naissances annuelles. Ensemble.	Sexe masculin.	Sexe féminin.
0 jour	100000	20,94	4187	45,74	100000	16,71	3342	49,13	100000	18,87	3774	47,40	1356	691	665
5 jours	97906	9,74	1949	46,69	98329	7,74	1547	49,95	98113	8,76	1753	48,30	1337	680	657
10 »	96952	9,22	1845	47,14	97568	7,17	1433	50,32	97253	8,22	1643	48,71	1327	675	652
15 »	96058	18,38	1149	47,52	96869	14,66	916	50,67	96454	16,55	1103	49,10	3984	2021	1963
1 mois	94292	20,07	669	48,42	95449	16,11	537	51,38	94858	18,11	604	49,89	7712	3848	3864
2 »	92400	17,92	597	49,32	93911	14,61	487	52,15	93140	16,28	543	50,72	7582	3776	3806
3 »	90744	13,54	451	50,14	92539	10,78	359	52,83	91624	12,18	406	51,48	7474	3717	3757
4 »	89515	11,96	398	50,74	91541	9,82	327	53,32	90508	10,89	363	52,02	7389	3670	3719
5 »	88445	10,33	344	51,27	90642	8,84	295	53,77	89522	9,60	323	52,52	7314	3629	3685
6 »	87532	9,34	311	51,72	89841	8,10	270	54,17	88663	8,74	291	52,82	7245	3594	3651
7 »	86714	8,68	289	52,12	89113	7,51	250	54,52	87888	8,10	270	53,32	7186	3561	3625
8 »	85961	7,89	263	52,51	88443	6,86	229	54,85	87176	7,38	246	53,67	7131	3532	3599
9 »	85283	7,08	236	52,83	87836	6,16	205	55,15	86533	6,62	221	53,99	7079	3505	3574
10 »	84679	6,31	210	53,12	87295	5,66	189	55,40	85960	5,99	200	54,26	7036	3482	3554
11 »	84143	5,57	186	53,38	86801	5,18	173	55,64	85445	5,37	179	54,51	6996	3461	3535
1 an	83674	33,88	93	53,59	86351	31,66	87	55,84	84986	32,78	90	54,72	83367	41838	41529
2 ans	80839	18,91	52	54,43	83617	17,54	48	56,63	82200	18,24	50	55,54	81380	40802	40578
3 »	79310	11,91	33	54,47	82150	11,57	32	56,63	80701	11,75	32	55,54	80195	40190	40005
4 »	78365	8,59	24	54,11	81200	8,67	24	56,28	79753	8,63	24	55,20	79393	39786	39607
5 »	77692	6,35	17	53,57	80496	6,49	18	55,75	79065	6,42	18	54,67	78799	39491	39308
6 »	77199	5,06	14	52,91	79974	5,26	14	55,12	78557	5,16	14	54,02	78349	39269	39080
7 »	76808	4,29	12	52,17	79553	4,45	12	54,41	78152	4,36	12	53,30	77978	39086	38892
8 »	76478	3,70	10	51,39	79199	3,88	11	53,65	77811	3,79	10	52,53	77660	38930	38730
9 »	76195	3,30	9	50,58	78892	3,50	10	52,85	77516	3,39	9	51,72	77383	38795	38588
10 »	75944	[illegible]	[illegible]	49,75	78616	[illegible]	[illegible]	52,03	77253	[illegible]	[illegible]	50,80	[illegible]	[illegible]	[illegible]

12 »	75497	2,80	8	48,03	78105	3,23	9	50,36	76776	3,04	8	49,19	76893	38560	38333
13 »	75283	2,84	8	47,16	77844	3,34	9	49,53	76539	3,09	8	48,35	76658	38451	38207
14 »	75062	2,94	8	46,31	77561	3,63	10	48,71	76288	3,28	9	47,50	76415	38340	38075
15 »	74818	3,25	9	45,45	77248	4,03	11	47,90	76012	3,62	10	46,67	76153	38223	37930
16 »	74537	3,75	10	44,62	76903	4,47	12	47,11	75700	4,10	11	45,86	75860	38091	37769
17 »	74211	4,37	12	43,81	76527	4,89	13	46,33	75350	4,62	13	45,07	75528	37936	37592
18 »	73837	5,04	14	43,03	76124	5,27	14	45,58	74961	5,16	14	44,30	75159	37758	37401
19 »	73416	5,70	16	42,27	75696	5,62	15	44,83	74536	5,67	16	43,54	74751	37555	37196
20 »	72948	6,37	17	41,53	75246	5,95	16	44,02	74076	6,17	17	42,81	74309	37328	36981
21 »	72438	6,99	19	40,82	74771	6,27	17	43,37	73585	6,63	18	42,08	73834	37078	36756
22 »	71894	7,51	21	40,12	74285	6,54	18	42,64	73068	7,03	19	41,38	73328	36809	36519
23 »	71333	7,80	21	39,42	73780	6,80	19	41,92	72534	7,31	20	40,67	72801	36526	36275
24 »	70775	7,82	21	38,73	73261	7,03	19	41,22	71995	7,43	20	39,97	72265	36241	36024
25 »	70230	7,70	21	39,03	72732	7,22	20	40,51	71458	7,46	20	39,26	71727	35959	35768
26 »	69702	7,52	21	37,30	72197	7,35	20	39,81	70927	7,43	20	38,55	71193	35686	35507
27 »	69190	7,35	20	36,57	71661	7,42	20	39,09	70403	7,39	20	37,83	70666	35421	35245
28 »	68683	7,33	20	35,83	71129	7,42	20	38,37	69883	7,39	20	37,10	70144	35161	34983
29 »	68172	7,14	20	35,10	70599	7,45	20	37,66	69362	7,45	20	36,37	69623	34901	34722
30 »	67653	7,61	21	34,35	70068	7,52	21	36,93	68837	7,57	21	35,65	69100	34638	34462
31 »	67121	7,86	22	33,63	69536	7,50	21	36,21	68305	7,73	21	34,92	68572	34370	34202
32 »	66575	8,14	22	32,89	69002	7,68	21	35,49	67764	7,92	22	34,17	68035	34095	33940
33 »	66012	8,46	23	32,16	68465	7,78	21	34,75	67214	8,12	22	33,47	67490	33812	33678
34 »	65434	8,76	24	31,44	67923	7,92	22	34,02	66653	8,35	23	32,73	66934	33521	33413
35 »	64839	9,09	25	30,71	67377	8,06	22	33,29	66082	8,57	23	32,00	66368	33222	33146
36 »	64228	9,42	26	30,00	66825	8,20	22	32,56	65499	8,82	24	31,28	65791	32914	32877
37 »	63601	9,76	27	29,28	66269	8,32	23	31,82	64907	9,04	25	30,56	65203	32598	32605
38 »	62959	10,09	28	28,57	65709	8,45	23	31,08	64306	9,26	25	29,83	64607	32275	32332
39 »	62306	10,37	28	27,84	65147	8,56	23	30,35	63697	9,47	26	29,11	64002	31945	32057
40 »	61641	10,68	29	27,15	64583	8,65	24	29,60	63082	9,66	26	28,38	63390	31609	31781
41 »	60960	11,04	30	26,41	64015	8,79	24	28,85	62457	9,91	27	27,66	62770	31266	31504
42 »	60261	11,47	31	25,74	63441	8,96	25	28,11	61819	10,21	28	26,93	62139	30914	31225
43 »	59541	11,94	33	25,04	62859	9,18	25	27,36	61167	10,55	29	26,21	61494	30552	30942
44 »	58799	12,46	34	24,34	62266	9,44	26	26,61	60498	10,94	30	25,49	60633	29979	30654
45 »	58033	13,03	36	23,64	61661	9,71	27	25,86	59811	11,36	31	24,77	60156	29796	30360
46 »	57242	13,63	37	22,96	61043	10,03	27	25,11	59105	11,80	32	24,05	59460	29399	30061
		14,29	39			10,39	28			12,31	34		58743	28989	29754
A reporter													3361978	1682621	1679357

TABLEAU II (*suite*). — TABLES DE MORTALITÉ ET DE SURVIE DE LA POPULATION DE LA FRANCE

d'après les résultats du recensement du 24 mars 1901 combinés avec les relevés de l'état civil de 1898 à 1903.

AGES.	P_M (SEXE MASCULIN).				P_F (SEXE FÉMININ).				P_{MF} (POPULATION TOTALE).				POPULATION AUX DIVERS AGES pour 100000 naissances annuelles.		
	SURVIVANTS sur 100000 nés vivants.	QUOTIENTS de mortalité par période pour 1000.	QUOTIENTS de mortalité moyenne par jour pour 1000000.	ESPÉRANCE de vie à chaque âge.	SURVIVANTS sur 100000 nés vivants.	QUOTIENTS de mortalité par période pour 1000.	QUOTIENTS de mortalité moyenne par jour pour 1000000.	ESPÉRANCE de vie à chaque âge.	SURVIVANTS sur 100000 nés vivants.	QUOTIENTS de mortalité par période pour 1000.	QUOTIENTS de mortalité moyenne par jour pour 1000000.	ESPÉRANCE de vie à chaque âge.	Ensemble.	Sexe masculin.	Sexe féminin.
										Report.............			3361978	1682621	1679357
47 ans...	56424	14,96	41	22,28	60409	10,79	30	24,36	58377	12,85	35	23,34	58004	28565	29439
48 » ...	55580	15,64	43	21,60	59757	11,27	31	23,62	57627	13,43	37	22,63	57241	28127	29114
49 » ...	54711	16,32	45	20,93	59084	11,83	32	22,88	56854	14,02	38	21,91	56457	27678	28779
50 » ...	53818	17,01	47	20,26	58385	12,44	34	22,14	56057	14,68	40	21,22	55647	27217	28430
51 » ...	52903	17,73	49	19,59	57659	13,10	36	21,41	55234	15,35	42	20,52	54811	26744	28067
52 » ...	51965	18,48	51	18,93	56904	13,80	38	20,67	54386	16,10	44	19,83	53950	26260	27690
53 » ...	51005	19,31	53	18,27	56119	14,56	40	19,95	53511	16,86	46	19,14	53062	25765	27297
54 » ...	50020	20,32	56	17,61	55302	15,37	42	19,23	52609	17,75	49	18,45	52144	25255	26889
55 » ...	49004	21,53	59	16,95	54452	16,32	45	18,52	51675	18,83	52	17,76	51193	24728	26465
56 » ...	47949	22,99	63	16,30	53563	17,44	48	17,81	50702	20,12	55	17,08	50196	24178	26018
57 » ...	46847	24,72	68	15,66	52629	18,80	52	17,11	49682	21,61	59	16,42	49149	23602	25547
58 » ...	45689	26,61	73	1[illegible],03	51640	20,48	56	16,4[illegible]	48606	23,42	64	15,75	48042	22996	25046
59 » ...	44473	28,64	78	14,42	50572	22,36	61	15,74	47468	25,37	69	15,11	46871	22361	24510
60 » ...	43199	30,84	84	13,81	49441	24,36	67	15,08	46264	27,45	75	14,48	45634	21696	23938
61 » ...	41867	33,16	91	13,22	48237	26,48	73	14,43	44994	29,68	81	13,86	44332	21002	23330
62 » ...	40479	35,64	98	12,64	46960	28,78	79	13,79	43659	32,03	88	13,25	42965	20280	22685
63 » ...	39036	38,28	105	12,07	45609	31,18	85	13,32	42261	34,53	95	12,66	41537	19531	22006
64 » ...	37542	41,14	113	11,51	44187	33,79	93	12,56	40802	37,26	102	12,07	40047	18756	21291
65 » ...	35998	44,30	121	10,96	42694	36,64	100	11,97	39282	40,25	110	11,50	38498	17956	20542
66 » ...	34403	47,93	131	10,42	41130	39,79	109	11,38	37702	43,59	119	10,94	36882	17129	19753
67 » ...	32754	52,04	143	9,90	39493	43,61	119	10,81	36059	47,51	130	10,39	35208	16274	18934
68 » ...	31049	56,76	155	9,39	37771	48,01	132	10,26	34346	52,06	143	9,86	33459	15390	18069
69 » ...	29287	62,20	170	8,89	35958	52,97	145	9,73	32558	57,20	157	9,35	31633	14476	17157

				7,32	29989			8,26	26768			7,93			
73 » ...	21722	82,28	225	7,11	27850	71,32	195	7,82	24727	76,25	209	7,51	25750	11576	14174
74 » ...	19774	89,69	246	6,71	25665	78,44	215	7,40	22662	83,52	229	7,10	23696	10582	13114
75 » ...	17815	99,08	271	6,34	23454	86,15	236	7,00	20579	91,92	252	6,72	21621	9586	12035
76 » ...	15879	108,70	298	5,99	21237	94,54	259	6,63	18521	100,00	274	6,35	19550	8600	10950
77 » ...	13984	119,40	327	5,67	19036	103,60	284	6.28	16474	110,50	303	6,01	17496	7630	9866
78 » ..	12152	131,00	359	5,37	16878	113,40	311	5,96	14481	121,00	331	5,70	15473	6675	8798
79 » ...	10403	143,90	394	5,11	14787	123,90	339	5,66	12562	132,40	363	5,42	13515	5759	7756
80 » ...	8774	156,60	429	4,87	12789	135,10	370	5,38	10750	144,30	395	5,17	11647	4894	6753
81 » ...	7302	167,80	460	4,64	10913	146,70	402	5,14	9079	155,40	426	4,94	9903	4100	5803
82 » ...	6005	177,60	487	4,44	9194	157,60	432	4,91	7573	165,90	455	4,72	8314	3393	4921
83 » ...	4871	188,90	518	4,24	7638	169,20	464	4,71	6231	177,20	486	4,52	6889	2772	4117
84 » ...	3885	202,30	554	4,06	6253	181,40	497	4,53	5049	189,70	520	4,45	5628	2231	3397
85 » ...	3037	218,20	598	3,91	5037	194,40	533	4,39	4020	203,80	558	4,20	4522	1763	2759
86 » ...	2337	230,50	632	3,78	3996	206,70	566	4,27	3152	215,90	592	4,08	3573	1367	2206
87 » ...	1778	239,20	655	3,66	3143	213,40	585	4,16	2448	223,40	612	3,97	2788	1046	1742
88 » ...	1337	248,00	679	3,54	2451	220,20	608	4,05	1884	230,40	631	3,86	2157	792	1365
89 » ...	993	257,20	705	3,41	1895	227,00	622	3,94	1435	238,30	653	3,76	1651	591	1060
90 » ...	728	266,90	731	3,29	1452	233,90	641	3,84	1083	245,30	672	3,65	1253	437	816
91 » ...	526	276,80	758	3,18	1103	240,60	659	3,74	809	253,00	693	3,55	942	319	623
92 » ...	375	287,70	788	3,05	830	247,40	678	3,64	598	260,80	715	3,45	701	231	470
93 » ...	263	299,50	820	2,92	619	254,20	696	3,53	438	267,60	733	3,34	517	164	353
94 » ...	181	312,20	855	2,80	457	261,10	716	3,43	317	276,30	757	3,24	376	114	262
95 » ...	122	226,10	894	2,66	334	268,40	735	3,33	227	284,00	778	3,12	271	78	193
96 » ...	80	341 50	936	2,54	242	275.70	755	3,21	160	295,20	809	3,01	193	52	141
97 » ...	51	358,20	981	2,41	173	283,30	776	3,09	111	306,30	839	2,90	136	34	102
98 » ...	32	376,80	1036	2,25	123	292,00	800	2,94	76	315,30	864	2,78	94	21	73
99 » ...	19	400,00	1096	2,11	86	302,00	827	2,78	52	315,80	865	2,60	64	13	51
100 » ...	11	425,00	1164	1,93	59	314,00	853	2,59	35	327,00	896	2,37	44	8	36
101 » ...	6	460,00	1260	1,70	40	329,00	901	2,35	22	371,50	1018	2,18	29	5	24
102 » ...	3	500,00	1370	1,40	26	350,00	959	2,08	13	386,40	1059	2,00	18	2	16
103 » ...	1	620,00	1699	1,20	16	380,00	1041	1,75	8	437,00	1197	1,86	11	1	10
104 » ...	0,2	780,00	2137	1,00	9	460,00	1260	1,40	4	486,60	1333	1,50	5	0	5
105 » ...	0	1000,00	2740	»	3	600,00	1644	1,00	1	615,40	1686	1,00	3	0	3
106 » ...	»				0	1000,00	2740		0	1000,00	2740	»	1	0	1
											Totaux...............		4695276	2309519	2385757

Mortalité de la population de la France (1898-1903).

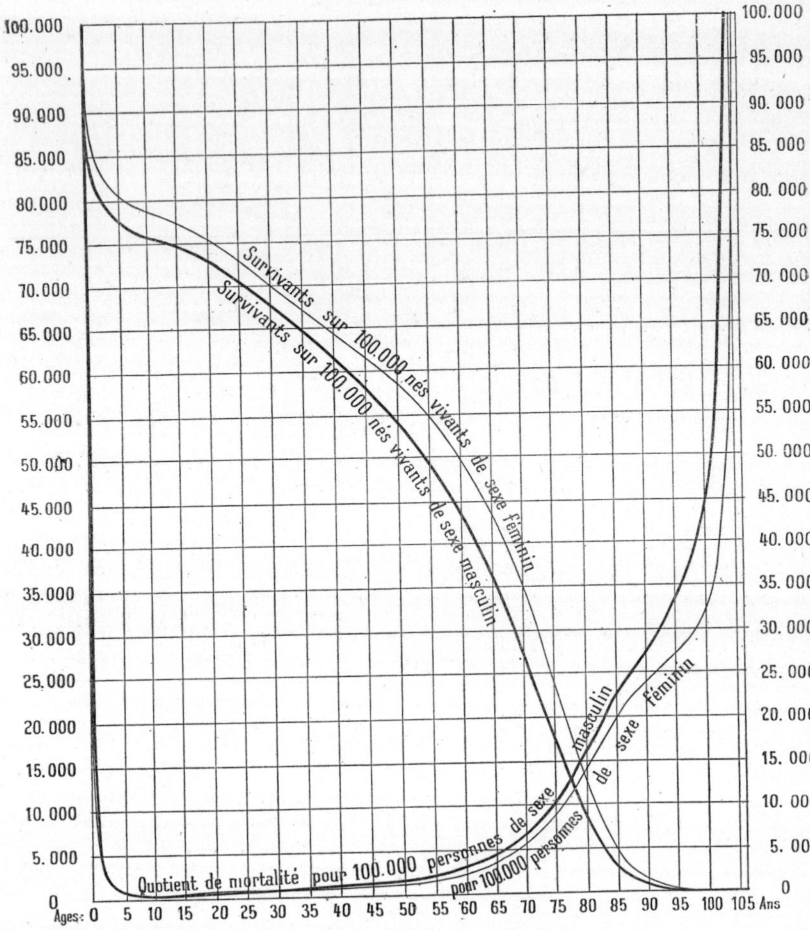

Fig. 10.

69. **Lois de Gompertz** (1825) (¹) **et de Makeham** (1860) (²). — Nous l'avons vu, la mortalité humaine change suivant la statistique consultée. Le problème ne comporte même pas une définition précise. Comment chercher une expression mathématique pour le

(¹) GOMPERTZ, *On the nature of the function expressive of the law of human mortality* (*Proceedings of the Royal Society of London*, 1825, t. II).

(²) MAKEHAM, *On the law of mortality and the construction of annuity Tables* (*Journal of the Institute of Actuaries*, t. VIII).

résultat changeant d'un problème mal défini? La chose a été osée par Gompertz et son effort a été couronné de succès. La formule trouvée, améliorée par Makeham, rend les plus grands services aux compagnies d'assurances. Elle représente la mortalité au-dessus de 20 ans. Elle jouit, en outre, d'une propriété remarquablement avantageuse que nous exposerons. Gompertz admet l'hypothèse suivante, sans doute inspirée par la forme de la courbe de mortalité :

Si l'on fait abstraction des accidents mortels, le taux de mortalité q, variable avec l'âge x, mesure une FORCE DE MORT *qui s'accroît chaque année d'une fraction r, toujours la même, de sa valeur actuelle.*

La mise en équation de l'hypothèse ([1]) donne successivement :

(1) $dq = rq\,dx$ (expression analytique de l'hypothèse),

(2) $\dfrac{dq}{q} = r\,dx$ (séparation des variables en divisant par q),

(3) $\mathrm{Log}_e q = rx + \mathrm{Log}_e \gamma$ (γ, constante arbitraire d'intégration),

(4) $q = \gamma e^{rx}$ (passage des logarithmes népériens aux nombres).

La formule (4) est celle de Gompertz. Elle néglige les accidents mortels.

Pour en tenir compte, Makeham admet qu'ils entrent dans la mortalité, pour un taux β, le même à tout âge. Cela donne au taux de mortalité de l'âge x l'expression

(5) $$q = \beta + \gamma e^{rx}.$$

Telle est la formule de Gompertz améliorée par Makeham. Les constantes γ, β et r qui conviennent à une Table de mortalité donnée se calculent par des méthodes dont nous parlerons plus loin (Méthodes de Cauchy et des moindres carrés).

70. Propriété précieuse de la formule de Gompertz-Makeham. — L'avantage de la formule est dans la propriété de l'*âge moyen ou du vieillissement uniforme* d'un groupe d'individus.

Certaines assurances sont réglées sur la conservation d'un tel

([1]) Les lecteurs étrangers aux mathématiques passeront ces calculs. Quant aux mathématiciens, ils remplaceront l'année prise pour échelon de temps dans l'énoncé de l'hypothèse de Gompertz par un échelon infiniment petit dx.

groupe ou sur sa dissolution par la mort d'un de ses membres. Les individus ayant des âges différents, il faudrait aux compagnies des calculs pénibles pour trouver les diverses probabilités relatives à la conservation du groupe. Veut-on, par exemple, pour nous en tenir au cas le plus simple, la probabilité qu'un groupe de deux hommes, l'un de 30 ans, l'autre de 40, vivent encore six ans plus tard ?

La probabilité de vie de l'homme de 30 ans est $\frac{v_{36}}{v_{30}}$.

La probabilité de vie de celui de 40 ans est $\frac{v_{46}}{v_{40}}$.

La probabilité que tous deux vivent dans 6 ans est le produit de ces deux nombres [1] :

$$(1) \qquad P = \frac{v_{36}}{v_{30}} \frac{v_{46}}{v_{40}}.$$

Chaque probabilité nouvelle qu'il faudra connaître pour le groupe, exigera un calcul nouveau, fastidieux et sujet à erreurs. Les calculs seront d'autant plus longs que les groupes comprendront plus d'individus.

La loi de Gompertz permet d'éviter ces calculs. On substitue au groupe un individu fictif unique. Son âge se calcule ainsi :

Dans la formule (4) de Gompertz (n° 69), le taux de mortalité q est évalué en substituant à l'échelon d'une année un échelon infiniment petit dx; q est donc défini par le quotient (n° 63)

$$q = \frac{v_x - v_{x+dx}}{v_x} : dx = \frac{-dv}{v\,dx}.$$

En remplaçant q par cette expression dans la formule (4) de Gompertz, on obtient, pour la loi différentielle du nombre des survivants à l'âge x,

$$\frac{-dv}{v\,dx} = +\gamma e^{rx} \qquad \text{ou} \qquad \frac{dv}{v} = -\gamma e^{rx}\,dx,$$

(1) *Théorème des probabilités composées.* Sa démonstration est celle-ci : le nombre des couples observés est $v_{30} \times v_{40}$, car chaque homme vivant de 30 ans peut être combiné avec tous les hommes vivants de 40. Les couples vivants 6 ans plus tard sont de même au nombre de $v_{36} \times v_{46}$. La probabilité de vie du groupe est donc bien $\frac{v_{36} \times v_{46}}{v_{30} \times v_{40}}$.

et, en intégrant,

$$(2) \qquad \log v = -\frac{\gamma}{r} e^{rx} + \alpha \qquad (\alpha \text{ constante d'intégration}).$$

La formule (2) nous conduit à calculer la formule (1) en faisant usage des logarithmes. On obtient ainsi

$$\log P = (\log v_{36} - \log 30) + (\log v_{46} - \log v_{40}),$$

et en remplaçant les termes du second membre par les valeurs qui résultent de la formule (2)

$$\log P = \frac{\gamma}{r}[(e^{30r} - e^{36r}) + (e^{40r} - e^{46r})] = \frac{\gamma}{r}(1 - e^{6r})[e^{30r} + e^{40r}].$$

On obtiendrait évidemment le même résultat si l'on cherchait la probabilité de vivre 6 ans pour un seul individu d'un âge convenable. Cet âge x serait défini par la formule

$$e^{xr} = e^{30r} + e^{40r}.$$

On peut encore remplacer les deux individus donnés par deux individus d'un même *âge moyen*, défini par la formule

$$2e^{\xi r} = e^{30r} + e^{40r}.$$

Ce que je dis pour une durée de 6 années peut se répéter pour toute autre durée. L'âge x, l'âge ξ demeurent les mêmes, ils ne dépendent que des âges 30 et 40 ans des deux individus pris à l'origine du groupe.

En d'autres termes, l'individu d'âge x ou encore le groupe des deux individus d'âge moyen ξ vieillissent comme le couple d'individus de 30 et 40 ans.

Si l'on passe de la loi de Gompertz à celle de Makeham, le calcul se fait de même; on trouve un résultat analogue.

Qu'on renverse le problème : On suppose qu'on ignore les lois de Gompertz et de Makeham et l'on cherche une loi de probabilité qui permette de remplacer un groupe d'individus d'âges différents par un seul individu vieillissant de même; par cette analyse nouvelle on retrouve la loi de Gompertz. Qu'on se contente de trouver un âge commun à tous les individus du groupe pour obtenir un vieillissement uniforme, on trouve la loi de Makeham.

M. Quiquet (1) a traité un problème plus général encore : La loi de Gompertz-Maheham permet de remplacer les âges du groupe par un seul paramètre ξ fonction de ces âges ; c'est la *loi du premier ordre*. Qu'on s'accorde deux paramètres ξ_1 et ξ_2, fonctions des âges du groupe, on a la loi de mortalité du deuxième ordre, etc. Les lois du deuxième ordre semblent être celles de l'avenir.

Les calculs sont plus compliqués que pour la formule de Gompertz-Makeham ; mais, présentant plus de paramètres, les lois de M. Quiquet permettent d'épouser mieux, dans chaque sélection, la forme de la courbe expérimentale de mortalité.

§ 4. — LES ÉCARTS DANS LES MESURES.

71. La méthode statistique étendue à deux problèmes de mesures. — Aucune mesure n'est exacte. Aussi, dans les sciences de précision, convient-il de répéter plusieurs fois chacune d'elles. Un astronome, par exemple, observe 100 fois la déclinaison d'une même étoile. Il corrige chaque observation des *erreurs systématiques* qu'il connaît, la réfraction atmosphérique, la flexion de sa lunette, l'excentricité et l'erreur de graduation de son cercle, etc. Les *erreurs accidentelles* affectent encore les nombres corrigés. Ce sont les erreurs variables capricieusement d'une expérience à l'autre, venant de changements inappréciables et instantanés des conditions de l'observation, la nervosité de l'observateur, un coup de vent, etc. En présence des déterminations diverses, le meilleur parti est d'adopter la moyenne. Savants et ignorants, tout le monde est d'accord. Mais que vaut la moyenne ? Afin de s'en rendre compte, on utilise la méthode statistique que nous avons exposée, dans le précédent paragraphe, pour l'étude des écarts entre la moyenne et les observations individuelles. Deux cas peuvent se présenter :

Les écarts observés peuvent-ils être ramenés à la loi de Bernoulli (2) par un choix convenable de l'écart étalon, alors la valeur

(1) QUIQUET, *Représentation algébrique des courbes de survie* (*Bulletin de l'Institut des actuaires français*, 1893).

(2) La loi, dans ce cas, porte le nom de Gauss, à cause des travaux du géomètre allemand sur ce sujet des écarts dans les mesures.

de cet étalon caractérisera la précision des mesures ; le degré de confiance qu'on peut accorder à la moyenne résultera de cette précision et du nombre des observations. C'est le cas le plus habituel, celui des longues séries.

La loi de Bernoulli se trouve-t-elle en défaut, le calculateur sera mis justement en défiance. Le plus souvent il trouvera quelque erreur systématique omise dans le calcul des observations individuelles. Si, par exemple, on n'a pas fait de correction de température, le calculateur trouvera que cet élément influe sur les observations. D'autres fois, on pourra découvrir une erreur des mesures ou bien encore le défaut de sincérité de l'observateur qui aura poussé ses chiffres vers un résultat souhaité.

Le problème dont je viens de parler intéresse surtout les astronomes et les physiciens. En voici un autre qui rentre mieux dans la statistique proprement dite, parce que les écarts dans les mesures y viennent, non plus de l'observation ou des conditions des mesures, mais de la chose observée elle-même :

Je veux parler des nombres qu'on obtient en mesurant un même élément chez tous les sujets d'une même espèce. Ce sera par exemple la taille des conscrits d'une même nation. Les nombres diffèrent. On prendra la moyenne et l'écart de cette moyenne avec les observations individuelles. Il arrive en général que les écarts suivent la loi de Bernoulli. C'est alors une forte présomption que la statistique est bien faite et que les sujets appartiennent bien au même type. Mais que les écarts ne suivent pas la loi de Bernoulli, que les mesures se groupent par exemple autour de deux chiffres, l'un fort, l'autre faible, comme il arriverait des tailles des conscrits dans un état composé par la fédération d'un peuple géant avec des nains, le groupement des chiffres fera découvrir les deux races.

D'autres irrégularités pourront faire quelquefois découvrir des erreurs de la statistique, des fraudes dans les mesures.

Dans ce paragraphe, je donnerai deux exemples : une série d'observations astronomiques, puis une série des mesures des conscrits de France.

Le second exemple nous fournira deux enseignements nouveaux. D'une part l'insuffisance des données nous donnera l'occasion d'utiliser la fécondité des ressources offertes par la loi de

Bernoulli pour modifier, suivant les besoins, les détails d'application de la méthode statistique exposée dans le précédent paragraphe. D'autre part, les résultats montrent comment une fraude est révélée et même mesurée par la méthode.

72. Exemple emprunté à l'Astronomie. — Notre exemple est une série de 470 observations que j'emprunte à l'Ouvrage de Bertrand (1). Faite par Bradley pour la déclinaison d'une étoile, elle a été discutée par Bessel.

La valeur adoptée pour la déclinaison est la moyenne des 470 observations. On a formé ensuite les écarts entre chaque observation et la moyenne. Ils portent sur les dixièmes de seconde et aussi sur les secondes d'arc. On a classé enfin les écarts x suivant une échelle dont l'échelon est égal à $0'',4$. Les résultats sont inscrits dans le Tableau suivant. La première ligne offre les écarts échelonnés x. Les valeurs observées pour la fréquence φ des écarts inférieurs à x sont inscrits dans la deuxième ligne. La troisième et la quatrième lignes vont être expliquées plus bas.

											Au delà de
x...	0″,4	0″,8	1″,2	1″,6	2″,0	2″,4	2″,8	3″,2	3″,6	4″,0	4″,0
φ...	0,220	0,413	0,596	0,689	0,779	0,856	0,889	0,939	0,966	0,979	1,000
t...	0,174	0,348	0,522	0,696	0,870	1,044	1,218	1,392	1,566	1,740	
P...	0,194	0,377	0,540	0,675	0,781	0,860	0,915	0,951	0,973	0,986	

Si l'on assimile les fréquences φ à celles de la loi de Bernoulli, l'écart étalon e sera, pour la série de Bradley, celui qui correspond à la fréquence $\varphi = 0,843$. Le Tableau indique qu'il est compris entre $2''$ et $2'',4$. Pour apprécier plus exactement l'écart étalon, traçons un graphique (*fig.* 11) et cherchons sur la courbe grossièrement dessinée par les points (x, φ) celui qui a pour cote $\varphi = 0,843$. L'écart correspondant est l'écart étalon e. Le chiffre trouvé, cela est bien entendu, dépend de l'habileté et du sentiment du dessinateur. Je trouve le chiffre $e = 2'',3$. Adoptons-le. Nous pouvons désormais calculer l'échelle des écarts réduits $t = \frac{x}{e}$, puis prendre dans la Table des écarts de Bernoulli les valeurs correspondantes de la probabilité $P(t)$. Les nombres t et P sont inscrits dans la troisième, puis la quatrième ligne du Tableau précédent.

(1) Bertrand, *Calcul des probabilités*, Gauthier-Villars, 1889, p. 188.

La comparaison de la deuxième ligne avec la quatrième montre que la fréquence observée dans les quatre premiers groupes est trop forte; dans les groupes suivants, la fréquence est trop faible.

Fig. 11.

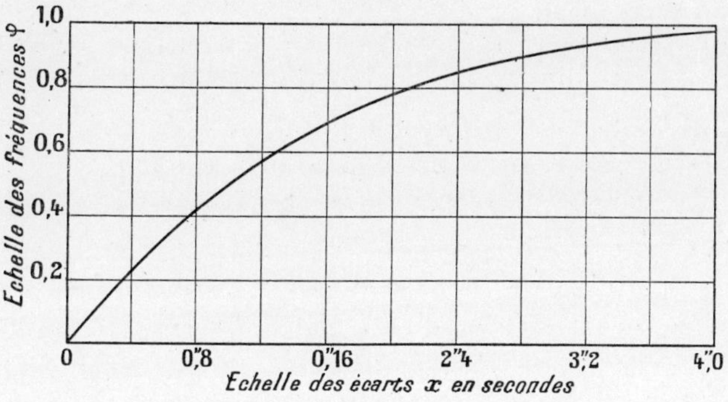

D'où vient cette anomalie? Est-ce une propriété générale des écarts des mesures? Est-ce au contraire un accident spécial à la série? Dans cette hypothèse, on en trouverait peut-être la cause dans les cahiers de l'observateur. Une telle recherche sort du champ d'action de notre méthode.

La méthode signale l'anomalie. Elle laisse la découverte de la cause à la perspicacité du chercheur.

Acceptons donc la série pour bonne et l'anomalie comme due au hasard. Quelle confiance devons-nous attribuer à la moyenne? Tel est le problème qu'il nous faut maintenant résoudre.

73. **Précision des mesures. Écart probable.** — La précision d'un système de mesures est, on le comprend, liée à l'écart étalon. Imaginons en effet une nouvelle série d'observations qui ne diffère de notre série de Bradley que par la grandeur de l'écart étalon. Les écarts, au lieu de porter sur les secondes, porteront sur les minutes, par exemple. Sauf ce changement d'unité, les chiffres sont les mêmes. Tout le monde est d'accord que la série de Bradley est 60 fois plus précise que la série imaginée.

L'inverse de la mesure de l'écart étalon $\frac{1}{2,3} = 0,435$ donne bien l'idée de la précision. Pour cette raison, on appelle souvent *module de précision*, ou plus simplement *précision*, le nombre obtenu en prenant l'inverse de la mesure de l'écart étalon. Expression fâcheuse, car ce nombre changera de valeur si l'on prend pour unité la minute, le radian ou toute autre unité. Au contraire, l'*écart étalon* est une grandeur concrète déterminée, indépendante de l'unité qui sert à la mesurer. Il est donc préférable, pensons-nous, de définir simplement la précision de la série par l'écart étalon, plutôt que par un nombre nouveau, si fâcheusement choisi.

Un autre écart est souvent préféré, pour cet usage, à l'écart étalon. C'est celui qui, théoriquement, laisse autant d'écarts au-dessous de lui qu'au-dessus. Il correspond à $t = 0,477$. On l'appelle *écart probable*. Cournot préfère, avec raison, le mot d'*écart médian*. Cet écart ayant pour probabilité $\frac{1}{2}$, il suffit, pour l'obtenir dans notre série de Bradley, de chercher sur notre graphique le point qui a pour cote 0,5. On trouve environ $1''$, par défaut. On pourrait aussi l'obtenir par le théorème suivant :

THÉORÈME. — *L'écart probable d'une longue série a pour carré, approximativement, la moyenne arithmétique des carrés des écarts de la série.*

On le démontre par une méthode qui dépasse la force mathématique que je suppose au lecteur. La preuve appartient aux théories mathématiques.

Pourquoi préférer l'écart probable à l'écart étalon? Il n'y a aucune raison. Pourquoi l'appeler probable? Il est moins probable que bien d'autres. Médian est un terme plus juste. Tout cela est arbitraire et inutile, mais l'usage l'a consacré. Il faut connaître l'usage. Heureusement il est permis de ne pas le suivre et de s'en tenir à l'écart étalon [1].

74. Précision de la moyenne. — La précision de la moyenne dépend de la précision de chaque observation et aussi de leur

---

[1] Bertrand envisage encore l'écart moyen. C'est la moyenne des valeurs absolues de tous les écarts que peut présenter une série de tirages au sort. Si x est l'écart et f la fréquence de cet écart, $x_m = \Sigma(f \times x)$ est la définition de l'écart moyen. Il a pour valeur réduite $t_m = \frac{1}{\sqrt{\pi}} = 0,564$, ... C'est cet écart que M. Borel appelle écart probable, réservant, avec Cournot, le nom d'écart médian à $t = 0,477$.

nombre; mais par quelle formule ? C'est ce que nous allons chercher.

Les 470 écarts entre les observations de Bradley et leur moyenne, une fois rapportés à l'écart étalon, pourraient, nous l'admettons, avoir été fournis par le sort. Ce seraient, par exemple, les 470 écarts réduits qu'on obtiendrait pour 470 séries de 100 tirages à pile ou face. Dans cette hypothèse, l'écart étalon de chacune des 100 séries serait donné par la formule (1) du n° 29 :

$$(1) \qquad e = \sqrt{\frac{2p(1-p)}{n}} \qquad (p = 0{,}5;\ n = 100).$$

L'écart étalon e' de la moyenne générale des 470 séries s'obtient par la même formule; seulement le nombre des épreuves est maintenant 470 fois plus grand, c'est

$$(2) \qquad n' = 470\,n;$$

e' a donc pour valeur

$$(3) \qquad e' = \sqrt{\frac{2p(1-p)}{470\,n}},$$

ou, d'après la formule (1),

$$(4) \qquad e' = \frac{e}{\sqrt{470}} = \frac{e}{21{,}6}.$$

La formule (4) conduit à la règle suivante :

Pour obtenir l'écart étalon e' qui convient à la moyenne des résultats de plusieurs séries semblables, divisez l'écart étalon e, commun aux résultats de ces séries, par la racine carrée du nombre des séries.

Avec notre assimilation, il est naturel d'admettre la même loi pour les nombres de Bradley. L'erreur étalon e' correspondante à la moyenne serait donc, en remplaçant e par sa valeur $2'',3$,

$$e' = \frac{2'',3}{21{,}6} = 0'',1 \text{ environ}.$$

Ainsi, il y aurait à parier à peu près 8 contre 2 que la moyenne de la série de Bradley n'est pas erronée de plus d'un dixième de seconde.

75. Limite et réserves relatives à la précision des moyennes. — Qu'est-ce à dire ? Je centuple les mesures, l'erreur étalon sur la moyenne va-t-elle tomber de $0'',1$ à $0'',01$? Non. Une multitude d'observations mauvaises ne saurait conduire à un résultat infiniment précis. Malgré les réflexions très concluantes de Cournot (*loc. cit.*, p. 243), l'ignorance ou l'incompréhension fait que les opinions sur ce point sont encore partagées. Les uns appliquent aveuglément la règle, d'autres la rejettent par des sarcasmes. Il est si commode de mettre sa foi dans une formule ou d'esquiver la contradiction par une pirouette ! La question vaut pourtant la peine d'être discutée et l'effort n'est pas grand pour voir clair dans notre problème.

Et d'abord la formule, certainement juste, est parfaitement bonne dans le cas des tirages au sort. Mais notre assimilation de la série de Bradley à un tirage au sort n'est valable que dans certaines limites. Il faut préciser ces limites et ne pas les dépasser dans les conséquences qu'on tire de l'assimilation. Or tout ce que nous avons pu constater, c'est que les erreurs accidentelles de Bradley sur *les secondes et les dixièmes de seconde* suivent *à peu près* la même loi que les premiers chiffres significatifs des nombres obtenus par un tirage au sort. Quant aux centièmes de seconde, Bradley ne les ayant pas observés, nous sommes dans l'impossibilité de rien constater sur eux. L'échelle de notre graphique a été choisie en conséquence. C'est dans ces limites d'approximation que doit se tenir notre conclusion.

Quand j'ai dit « il y aurait 8 à parier contre 2 que la moyenne de Bradley n'est pas erronée de plus de $0'',1$ » j'étais à la limite de la validité des conclusions; cette approximation est déjà fort osée puisqu'elle porte sur la limite de précision de Bradley; mais elle conserve un intérêt. Celui qui conclut sur les millièmes de seconde ne mérite d'être accueilli que par un sourire. J'ai tort, on a le devoir de le détromper. Pour le faire, prenez N séries de 100000 épreuves à pile ou face. Les fréquences de face, observées dans ces séries, sont des nombres de cinq chiffres. Par une négligence voulue, gardez seulement les deux premiers chiffres et prenez la moyenne des N fréquences ainsi simplifiées ; l'écart étalon sur la moyenne ne sera pas correctement donné par la formule $e' = \frac{e}{\sqrt{N}}$. La faute est dans les chiffres négligés. Étant systématique, elle ne saurait être atténuée par l'augmentation de N. La même faute est commise forcément dans les observations de Bradley, puisqu'on n'a rien pu observer au delà des dixièmes de seconde. On pourrait mettre des chiffres au hasard à la suite des dixièmes ; ça ne serait ni plus juste ni plus faux que de ne rien mettre du tout et ça changerait, dans la moyenne, le chiffre des centièmes. On le voit, la théorie des probabilités est d'accord avec le bon sens : On aura beau multiplier des observations faites au dixième de seconde, on n'atteindra jamais le centième. Ce qu'on peut atteindre par la moyenne dépend évidemment de chaque cas. Qu'un savant du Bureau international des Poids et Mesures compare un mètre industriel avec un étalon, il pourra, par des moyennes, atteindre une grande précision. Il vous dira de combien de microns le mètre industriel est trop court ou trop long. Faites la comparaison par le procédé grossier des commerçants, vous trouverez toujours pour longueur 1 mètre exactement. Vous aurez beau multiplier les mesures, la moyenne sera toujours 1 mètre. Incapable de s'améliorer, elle ne s'approchera pas de la valeur très exacte mesurée par le savant du Bureau des Poids et Mesures. La formule, on le voit, ne dispense pas le calculateur de tenir sa perspicacité toujours en éveil pour apprécier la valeur des résultats, dans chaque application.

Même quand on s'en tient aux limites nécessaires que je viens d'indiquer, on s'expose encore à de sérieux mécomptes en appliquant la règle déduite de la formule (4) (n° 74). En voici deux raisons : d'abord l'assimilation de la loi des écarts observés avec celle de Bernoulli ne s'est pas montrée bien satisfaisante dans la série de Bradley, et il en est souvent ainsi; d'autre part, on n'est jamais certain que toutes les erreurs systématiques existantes ont été éliminées.

Je me contenterai de rapporter, entre tant d'autres, un exemple historique cité par Cournot (1).

D'après les observations de Pund sur les satellites de Jupiter, Laplace a calculé la masse de cette planète rapportée à celle du Soleil. Il a trouvé 0,00093427. Suivant le calcul des probabilités, il y a, dit-il, un million à parier contre un que l'erreur est inférieure à $\frac{1}{100}$ du nombre cherché. Or ce nombre a été porté ensuite par Airy à

$$0{,}00095357.$$

---

(1) Cournot, *Théorie des chances*, Paris, 1843, p. 242 et 243.

La correction sort notablement des limites indiquées par Laplace Ce témoignage est-il contraire aux méthodes basées sur le calcul des probabilités ? Nullement. Il nous met en garde contre l'application qu'en a faite Laplace. En effet, on a reconnu que Pound avait négligé de corriger ses observations de certaines erreurs systématiques. Cette raison met le calcul de Laplace en défaut. Pour conclure, il ne faut pas rejeter l'application du calcul des probabilités aux mesures ; mais il convient d'y faire deux réserves. D'abord on ne doit l'appliquer que dans les limites permises par l'assimilation de la loi des écarts observés à la loi théorique de Bernoulli. Puis, même dans ces limites, il ne faut accepter les résultats du calcul que comme une indication qui doit être contrôlée par les travaux ultérieurs.

76. Exemple de la taille des conscrits. — « Le deuxième exemple qui va nous occuper concerne les conscrits âgés de 20 ans. Les nombres sont donnés d'après M. Hargenvilliers dans ses *Recherches et considérations sur la formation et le recrutement de l'armée en France* (¹). »

Les données fournies sont incomplètes. Elles ne font pas connaître chaque mesure, ni même la moyenne des mesures, mais seulement la fréquence des hommes compris dans les intervalles d'une échelle de mesures assez arbitraire. L'échelle ne présente même pas de symétrie par rapport à la moyenne entre les hommes trop petits et les hommes trop grands. Voici les données :

Échelle des tailles E.	Fréquence des sujets φ.
	0,2862
1^m,570	
	0,1158
1^m,597	
	0,1399
1^m,624	
	0,1441
1^m,651	
	0,1141
1^m,678	
	0,0878
1^m,705	
	0,0553
1^m,732	
	0,0319
1^m,759	
	0,0249

Faute des données nécessaires, il est impossible de procéder ici

(¹) QUÉTELET, *Recherches statistiques* ; Bruxelles, 1884. *Voir* le Mémoire de M. Villermi sur la taille de l'homme en France, t. I des *Annales d'hygiène*.

comme dans les précédentes applications de la loi des écarts. Faut-il donc rejeter l'exemple? Au contraire, car il va nous montrer la fécondité des ressources qu'offre la loi de Bernoulli.

77. **La loi de Bernoulli en tenant compte du sens des écarts.** — Et d'abord il convient de mettre en lumière et d'utiliser une propriété que nous avons jusqu'ici laissée dans l'ombre, c'est la symétrie des écarts de part et d'autre de la moyenne. La symétrie en question se lit sur les formules (1) et (3) du n° 14. Il y a mieux, la symétrie est évidente *a priori*. Dans une série de 100 épreuves à pile ou face, par exemple, il y a autant de chances pour tirer face 49 fois que pour tirer pile 49 fois et face 51 fois. Si donc les tailles des conscrits obéissent, dans leurs écarts avec la moyenne, à la loi de Bernoulli, il y aura autant d'hommes trop petits de 1^{cm} par exemple, que d'hommes trop grands de 1^{cm} relativement à la taille moyenne.

D'après cela, si l'on tient compte du sens des écarts en portant à gauche les écarts par défaut, à droite les écarts par excès, la courbe des probabilités de Bernoulli se dédouble en deux branches symétriques par rapport à la verticale menée par le point d'écart nul. Les deux branches ont des cotes moitié moindres que les cotes correspondantes de la figure 2 (n° 29).

Mais pour ne rien changer à la courbe type et à l'usage de la Table des écarts de Bernoulli il est plus simple de doubler les fréquences observées de part et d'autre de la moyenne.

78. **Application aux tailles des conscrits.** — On peut calculer les éléments de la courbe relative aux conscrits, pourvu qu'on admette seulement, en sus des données du n° 76, le chiffre 0,5 pour la fréquence des hommes trop petits et pour la fréquence des hommes trop grands. D'après le Tableau du n° 76, parmi les hommes trop petits il y en a 0,2862 au-dessous de $1^m,570$ soit, pour le nombre des hommes compris entre la moyenne inconnue et $1^m,570$, la fréquence

$$0,5 - 0,2862 = 0,2138.$$

Pour avoir le nombre d'hommes compris entre la moyenne inconnue et $1^m,597$, il suffit de retrancher encore du reste précédent le nombre 0,1158 qui représente les hommes compris entre $1^m,570$ et $1^m,597$. On procède de la même façon pour les hommes trop grands et l'on obtient le Tableau suivant :

Échelle des tailles..	$1^m,570$	$1^m,597$	$1^m,624$	$1^m,651$	$1^m,678$	$1^m,705$	$1^m,732$	$1^m,759$
Fréquences.......	0,2138	0,0980	0,0419	0,1860	0,3001	0,3879	0,4432	0,4751
Fréquences doublées F......	0,4276	0,1960	0,0838	0,3720	0,6002	0,7758	0,8864	0,9502

Un chiffre quelconque de la deuxième ligne représente la fréquence des hommes compris entre la taille correspondante sur la première ligne et la taille moyenne inconnue.

Avec ces chiffres, je peux construire le graphique à deux branches symétriques du n° 77. Sur l'échelle horizontale, je *porte* les tailles inscrites dans la première ligne; sur l'échelle verticale, je *porte* les fréquences doublées correspondantes.

J'obtiens ainsi le graphique suivant (*fig.* 12) :

Fig. 12.

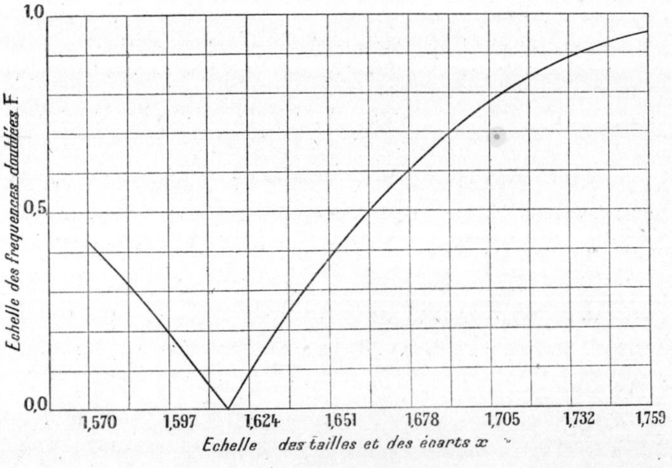

La figure fait ressortir la valeur qu'il faut attribuer à la taille moyenne. C'est le nombre qui, sur l'échelle des tailles, correspond au point de rencontre des deux branches de la courbe. Je trouve :

$$1^m,616.$$

Quant à l'écart étalon, c'est, sur notre nouveau graphique,

celui qui correspond à la fréquence 0,843. J'y trouve, pour correspondre à cette fréquence, la taille de $1^m,720$ dont l'écart avec la moyenne est l'écart étalon cherché, savoir

$$e = 1^m,720 - 1^m,616 = 0^m,104,$$

soit à peu près 1 décimètre. Bien entendu les évaluations que nous venons de faire dépendent quelque peu du sentiment du dessinateur. Nous étudierons plus loin des méthodes plus sûres dites *méthodes d'ajustement*. Admettons les chiffres ci-dessus ; nous pourrons désormais calculer les écarts entre les diverses tailles de l'échelle et la moyenne, puis les valeurs réduites de ces écarts. Enfin la Table des écarts de Bernoulli nous donnera les probabilités correspondant aux écarts réduits.

Voici les calculs, puis la comparaison des probabilités calculées avec les fréquences observées doublées.

Tailles.	Écarts x à $1^m,616$.	Écarts réduits $t = \frac{x}{0^m,104}$.	Probabilités P(*t*).	Fréquences doublées F.	Différences F − P.
m	m				
1,570...	−0,046	−0,442	0,468	0,4276	−0,040
1,597...	−0,019	−0,183	0,204	0,1960	−0,008
1,624...	+0,008	+0,077	0,087	0,0838	−0,003
1,651...	+0,035	+0,337	0,366	0,3720	+0,006
1,678...	+0,062	+0,597	0,601	0,6002	−0,001
1,705...	+0,089	+0,857	0,774	0,7758	+0,002
1,732...	+0,116	+1,116	0,885	0,8864	+0,001
1,759...	+0,143	+1,376	0,948	0,9502	+0,002

79. **La fraude manifestée par la statistique.** — L'accord des valeurs observées pour la fréquence F avec les valeurs de la probabilité P est satisfaisant, sauf pour la plus petite taille du Tableau $1^m,570$. Pour interpréter cette anomalie, il est avantageux de revenir aux nombres de l'énoncé du n° 76. Faisons donc sur les valeurs de P(*t*) les calculs inverses de ceux qui ont conduit aux valeurs de F.

Nous obtenons les nombres théoriques π qu'il faut comparer aux fréquences observées φ. Voici les calculs :

Probabilités doublées.	Probabilités simples.	différences π.	Fréquences observées φ.	Différences $\varphi - \pi$.	Tailles.
1,000	0,500				
		0,266	$0,286_2$	+0,020	m
0,468	0,234				1,570
		0,132	$0,115_8$	−0,016	
0,204	0,102				1,597
		$0,145_5$	$0,139_9$	−0,006	
0,087	$0,043_5$				1,624
		$0,139_5$	$0,144_1$	+0,005	
0,366	$0,184_3$				1,651
		$0,117_5$	$0,114_1$	−0,003	
0,601	$0,300_5$				1,678
		$0,086_5$	$0,087_8$	+0,001	
0,774	0,387				1,705
		$0,055_5$	$0,055_3$	0,000	
0,885	$0,442_5$				1,732
		$0,031_5$	$0,031_9$	0,000	
0,948	0,474				1,759
		0,076	$0,024_9$	−0,001	
1,000	0,500				

Les 4 dernières colonnes de ce Tableau montrent la comparaison des nombres observés φ avec les nombres théoriques π déduits du calcul. On voit qu'il y a trop de sujets observés au-dessous de 1^{m},570 et pas assez entre 1^{m},570 et 1^{m},597. Une erreur statistique semble avoir mis en trop au premier groupe les sujets qui manquent au second groupe et peut-être aussi quelques sujets du groupe suivant.

« Il convient ici de ne pas perdre de vue qu'il s'agit des tailles des conscrits et que le nombre (1) trop fort des tailles au-dessous de 1^{m},57 embrasse tous les cas de réforme pour défaut de taille. N'est-il pas à présumer que les 2 pour 100 d'hommes réformés en trop ont été réformés frauduleusement? On le comprendra d'autant mieux qu'il est très facile de diminuer la taille de 2 à 3 centimètres quand on y a un intérêt aussi majeur que celui de la réforme. D'une autre part, les autorités ferment volontiers les yeux quand il s'agit de substituer à des hommes très petits d'autres hommes qui ont une taille plus avantageuse [1]. » La méthode statistique basée sur la comparaison des chiffres observés avec la loi de Bernoulli a donc ici cet avantage qu'elle nous fait reconnaître une fraude et qu'elle nous fournit les moyens d'en estimer la grandeur numérique.

80. Applications diverses. — Par notre ajustement des nombres observés avec la loi des écarts de Bernoulli, nous connaissons

---

(1) QUÉTELET, *Recherches statistiques;* Bruxelles, 1844, p. 58.

désormais tous les détails de la distribution des tailles, même ceux qui sont omis dans la statistique observée.

Non seulement, nous connaissons le chiffre exact 0,266 qui doit être substitué au chiffre frauduleux 0,286 pour les tailles inférieures à $1^m,570$, mais encore nous pouvons dire comment se distribuent ces 0,266 tailles dans les échelons de 20^{cm} de notre échelle prolongée au-dessous de $1^m,570$. Il y a plus, nous pouvons dire la fréquence des tailles comprises dans un intervalle quelconque différent de ceux de notre échelle.

Premier exemple. — La fréquence est 0,5 pour les hommes compris dans les limites de l'erreur probable (n° 73), laquelle a pour grandeur

$$\varepsilon = 0,477\,e = 0^m,0496 \qquad (e = 0^m,104),$$

soit environ $0^m,05$.

En d'autres termes, la moitié des conscrits diffère de la taille moyenne $1^m,62$ de moins de 5^{cm}; la moitié des conscrits est comprise entre $1^m,57$ et $1^m,67$.

Deuxième exemple. — Quelle est la taille excessivement grande, quelle est la taille excessivement petite qu'on atteint, chacune une fois sur un million.

La fréquence des hommes compris entre ces limites grande et petite est, d'après l'hypothèse, $0,999998 = P(t)$. La loi de Bernoulli fait correspondre à cette probabilité l'écart réduit

$$t = 3,36 \qquad \text{(Table, p. 163).}$$

Au moyen de l'écart étalon

$$e = 0^m,104 \qquad (\text{n}^\circ\ 78),$$

on en conclut pour l'écart brut

$$x = te = 0^m,349, \qquad \text{environ } 0^m,35.$$

En retranchant, puis ajoutant ce nombre à la taille moyenne $1^m,62$ (n° 78), on a pour les tailles excessives demandées

$$1^m,27 \qquad \text{et} \qquad 1^m,97.$$

Ainsi, sur un million de conscrits, on en trouverait un au-dessous de $1^m,27$ et un au-dessus de $1^m,97$.

La justesse des chiffres que nous donnons dans ces applications dépend de deux choses : c'est, d'une part, la qualité de la statistique employée et son adaption plus ou moins grande à la loi de Bernoulli. Mais c'est aussi, d'autre part, le choix plus ou moins heureux des deux chiffres que nous avons admis pour fixer *l'ajustement* des nombres observés avec la loi de Bernoulli, savoir $1^{m},616$ pour la taille moyenne et $0^{m},104$ pour l'écart étalon. Il nous faut donc approfondir les méthodes qui conviennent à ce choix. C'est ce que nous allons faire dans le chapitre suivant où l'on étudie les *méthodes d'ajustement*.

CHAPITRE III.

PROBLÈME DE L'AJUSTEMENT.

§ 1. — AJUSTEMENT A UNE SEULE INCONNUE. PROBLÈME GÉNÉRAL DE LA MOYENNE.

81. **L'ajustement dans le problème statistique.** — L'*ajustement* des écarts observés avec les écarts théoriques réglés par la loi de Bernoulli s'est présenté à nous sous trois formes différentes :

1° La plus simple est celle que nous avons rencontrée la première dans le jeu de pile ou face (n° 19). La loi théorique est entièrement connue *a priori*; car on connaît la probabilité $p = \frac{1}{2}$ pour la sortie de face et il en résulte, pour l'écart étalon des séries de n épreuves, la valeur

$$e = \sqrt{\frac{2p(1-p)}{n}}. \tag{1}$$

Aucun chiffre n'est donc à choisir arbitrairement ou à demander à l'expérience, dans la comparaison des nombres calculés avec les nombres observés dans le jeu de pile ou face.

2° Il en va autrement du tirage d'une boule dans une urne dont on ignore la composition en boules blanches et noires. On peut y rattacher la masculinité des naissances (Chap. II, § 1), et la plupart des études statistiques. La probabilité p d'une boule blanche ne pouvant pas être calculée *a priori*, il faut bien en demander une valeur approchée à l'expérience (n° 42); mais la valeur de p une fois choisie, la formule (1) donne la valeur de l'écart étalon e qui convient aux séries de n épreuves (n° 43). Chaque série de n épreuves donne, pour la blanche, une fréquence f qui s'écarte de la probabilité p. Les écarts sont $x = f - p$. Leurs valeurs réduites sont $t = \frac{x}{e}$. Elles présentent une distribution qui s'ajuste à la loi de Bernoulli. L'ajustement de la distribution observée à la loi théorique réside, on le voit, dans le choix du nombre p qui entraîne toute la suite des calculs. On choisit pour p la fréquence des boules blanches dans l'ensemble de tous les tirages observés. Cette règle une fois adoptée, il n'y a plus rien d'arbitraire dans l'ajustement.

3° Le cas le plus difficile est celui des mesures diverses d'une même grandeur g. Ici l'épreuve est une mesure. Que devient alors la probabilité de l'épreuve ? Sa signification même nous échappe. Le nombre p disparaît et la formule (1) disparaît du même coup. Comment ajuster les résultats de l'observation à la loi théorique de Bernoulli ? Nous l'avons vu par deux exemples (nos 72 et 76) : Chaque mesure erronée a la même probabilité que l'écart x qui existe entre cette mesure et la grandeur véritable. Or, pour les écarts, les petits sont plus probables que les grands et l'expérience montre que leur distribution peut être ajustée le plus souvent à la loi théorique de Bernoulli, pourvu qu'on rapporte les écarts observés x à un étalon convenablement choisi e, au moyen de la formule $t = \frac{x}{e}$.

Il faut demander, à l'ensemble des mesures, non seulement la valeur de l'écart étalon e, mais aussi celle de la grandeur g qui fait l'objet de la recherche. L'ajustement dépend donc du choix des deux inconnues e et g. Pour g, on adopte la moyenne des mesures (n° 72).

Quant à l'inconnue e, sa détermination a été laissée au sentiment du dessinateur. L'ajustement présente alors une part d'arbitraire. Il est bon de lui fixer une règle. Deux règles empiriques ont été proposées pour l'ajustement, l'une par Cauchy, l'autre par Legendre. Enfin, une troisième règle due à Gauss est basée sur le calcul des probabilités.

Nous allons exposer les trois règles; mais, auparavant, il convient d'indiquer une simplification du problème.

82. Simplification du problème de l'ajustement. — Elle est basée sur le fait qu'on connaît déjà une valeur approchée des inconnues dont on cherche une valeur plus correcte. Elle consiste à calculer les petites variations des grandeurs dont on s'occupe par la règle des parties proportionnelles, comme on l'a fait dans la méthode d'interpolation du nº 25. A titre d'exemple, reportons-nous à la série de Bradley (nº 72). Les écarts x entre les diverses observations et la moyenne ayant été classés au moyen d'échelons différant de $0'',4$, on a compté les fréquences des écarts inférieurs, successivement, aux divers échelons. Au moyen des écarts x, on a calculé les écarts réduits $t = \frac{x}{e}$, puis les probabilités $P(t)$ qui leur correspondent par la loi de Bernoulli. Pour faire les calculs, nous avons emprunté la valeur de e à un graphique. La détermination graphique laisse place au doute : on aurait pu choisir aussi bien $e = 2'',2$ que $e' = 2'',3$ ou toute autre valeur voisine de celles-ci. *Les résultats des deux premiers calculs, avec $2'',2$ et avec $2'',3$ permettent d'obtenir immédiatement tous ceux qu'on peut souhaiter pour les valeurs de e voisines des précédentes. Il suffit d'appliquer la règle des parties proportionnelles.* C'est la simplification que nous avions en vue et que nous allons appliquer.

83. **Application à la série de Bradley. Résidus.** — J'emprunte les données x et φ au nº 72. J'y joins les résultats P et P' qu'on obtient quand on calcule les probabilités correspondantes, successivement au moyen de $e = 2'',2$ et de $e' = 2'',3$; puis les augmentations $P' - P$ que reçoit la probabilité quand on passe du premier calcul au deuxième. Enfin, j'inscris les *résidus*. On appelle ainsi les excès $\varphi - P$ des nombres observés sur les nombres calculés. J'obtiens le Tableau suivant :

Série de Bradley.

Numéro.	x.	φ.	P.	P'.	$u = P' - P$.	$y = \varphi - P$.
1....	$0'',4$	0,220	0,203	0,194	−0,009	+0,017
2....	0,8	0,413	0,393	0,377	−0,016	+0,020
3....	1,2	0,596	0,568	0,540	−0,028	+0,028
4....	1,6	0,689	0,703	0,675	−0,028	−0,014
5....	2,0	0,779	0,802	0,781	−0,021	−0,023
6....	2,4	0,856	0,877	0,860	−0,017	−0,021
7....	2,8	0,889	0,928	0,915	−0,013	−0,039
8....	3,2	0,939	0,960	0,951	−0,009	−0,021
9....	3,6	0,966	0,979	0,973	−0,006	−0,013
10....	4,0	0,979	0,990	0,986	−0,004	−0,011
		1,000				
				Totaux.....	−0.151	−0,077

On se propose de trouver, au moyen de ce Tableau, la valeur de e qui conduit à l'ajustement qu'on juge le meilleur.

Portons, par exemple, notre attention sur la dixième ligne, celle de l'échelon $x = 4''$. On y trouve $P' - P = -0,004$. C'est l'augmentation de la probabilité calculée quand on augmente e de $0'',1$. Pour une augmentation moitié moindre de e, la probabilité calculée augmenterait seulement de $\frac{P' - P}{2} = -0,002$. Le résidu $y = \varphi - P = -0,011$ augmenterait de la même quantité changée de signe $+ 0,002$; il prendrait donc la valeur

$$-0,011 + 002 = -0,009.$$

En résumé, si l'on adoptait $e = 2'',25$ on obtiendrait, à la dixième ligne, pour la probabilité et le résidu, les valeurs

$$P_{10} = 0,988, \qquad y_{10} = -0,009.$$

On calculerait de même, pour les autres lignes, les valeurs de P et de y qui correspondent à $e = 2'',25$ ou à toute autre valeur de e voisine des précédentes. La règle des variations proportionnelles suffit à tous ces calculs de correction. Par cette règle, il est aisé de trouver celle des valeurs de e qui donne, pour les résidus y, l'ensemble qu'on juge le plus satisfaisant. Veut-on, par exemple, la solution qui annule la somme algébrique des résidus? C'est la *solution de Cauchy*. Il faudra augmenter l'étalon $e = 2'',2$ d'un nombre a de dixièmes de seconde capable de compenser la somme $-0,077$ qu'on lit au bas de la colonne des résidus y. Or, l'augmentation a produit, sur le dixième résidu y_{10}, l'augmentation $+ 0,004 \times a$ et ainsi des autres résidus. Sur le total des résidus, l'augmentation sera $+0,151 \times a$, le multiplicateur $0,151$ résultant de l'addition des 10 valeurs de u. La valeur cherchée de a est donc donnée par l'équation

$$0,151\,a = 0,077;$$

d'où l'on tire

$$a = +\frac{0,077}{0,151} = +0,51 \text{ dixième de seconde} = 0'',051.$$

Ainsi, la solution de Cauchy attribue à l'écart étalon la valeur $e = 2'',251$.

84. Solution générale du problème de l'ajustement à une seule inconnue. — Si l'on voulait annuler, non plus la somme algébrique des résidus, mais le dixième résidu y_{10}, il faudrait attribuer à l'augmentation a la valeur qui résulte de l'équation

$$y_{10} - au_{10} = 0, \tag{1}$$

et ainsi des autres résidus.

Il faut évidemment prendre une valeur moyenne entre les 10 valeurs de a tirées des 10 équations relatives aux 10 résidus.

Mais quel *poids* attribuer à chacune d'elles? Le choix est libre, tant qu'on n'a aucun renseignement sur la précision relative des diverses déterminations de a; si donc nous désignons par k_i le *poids* arbitraire attribué à l'équation de rang i, on aura la solution générale en résolvant l'*équation résultante*

$$k_1 y_1 + k_2 y_2 + \ldots + k_{10} y_{10} = a(k_1 u_1 + k_2 u_2 + \ldots + k_{10} u_{10}),$$

soit

$$a = \frac{k_1 y_1 + k_2 y_2 + \ldots + k_{10} y_{10}}{k_1 u_1 + k_2 u_2 + \ldots + k_{10} u_{10}}; \tag{2}$$

telle est la solution générale. On reconnaît effectivement, d'après un théorème connu d'arithmétique, que pour toutes les valeurs des poids k, l'expression (2) de a est comprise entre la plus grande et la plus petite des valeurs de a tirées des dix équations (1).

Parmi l'infinité des solutions, celle de Cauchy et celle de Legendre sont à signaler.

85. Solution de Cauchy. — Cauchy prend tous les poids k égaux à l'unité. L'expression (2) de la solution devient ainsi

$$a = \frac{y_1 + y_2 + \ldots + y_{10}}{u_1 + u_2 + \ldots + u_{10}}, \tag{C}$$

soit, dans l'exemple de Bradley (n° 83),

$$a = \frac{-0{,}077}{-0{,}151} = +0{,}51 \text{ dixième de seconde} = +0'',051,$$

(1) Dans notre problème, toutes les valeurs de u sont de même signe (elles sont négatives). On peut toujours supposer qu'il en est ainsi, car s'il en était autrement, il suffirait de changer les signes des deux membres de certaines équations.

On reconnait dans la formule (C) une sorte de généralisation de la moyenne arithmétique : par l'addition des valeurs de y, les erreurs indifféremment positives et négatives faites sur ces nombres se détruisent en partie; l'addition des nombres u augmente le dénominateur et diminue l'effet des erreurs des y sur la valeur de a.

Pour mieux faire voir l'analogie de la solution avec la moyenne arithmétique, je vais en faire la représentation graphique. Je prends deux axes coordonnés Ox, Oy (*fig.* 13). Je considère le

Fig. 13.

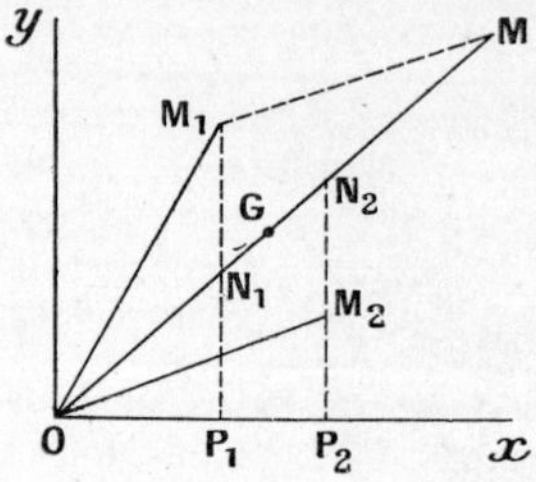

point M_1, qui a pour coordonnées $OP_1 = u_1$, $P_1M_1 = y_1$, et je joins OM_1. Le *coefficient angulaire* de OM_1 est $\frac{y_1}{u_1}$; c'est donc la valeur qui résulterait pour a de la première des égalités (1). A chaque égalité répond de même une droite dont le coefficient angulaire est une détermination de a. Si donc les observations étaient exactement concordantes, toutes ces droites coïncideraient en direction; mais il n'en est pas généralement ainsi. La solution de Cauchy consiste à prendre la résultante OM ([1]) des vecteurs $OM_1, OM_2, \ldots, OM_n$ et à adopter, pour valeur de l'inconnue a, le coefficient angulaire de cette résultante OM. Pour obtenir celle-ci, il suffit, comme on sait, de joindre le point O au centre de gravité G des points $M_1, M_2, \ldots, M_n$ et de porter sur la droite obtenue le segment $OM = nOG$. Reste à représenter l'écart entre l'observation et le calcul. La valeur de y correspondante à u_1 est $au_1 = P_1N_1$.

L'écart entre l'observation et le calcul est donc

$$P_1M_1 - P_1N_1 = N_1M_1.$$

Cette explication géométrique, que j'ai cru devoir substituer

([1]) La figure représente la construction pour deux points M_1, M_2.

à l'exposition analytique de Cauchy, montre bien l'analogie de la solution de Cauchy avec la moyenne arithmétique : G mérite bien le nom de *point moyen;* OG, celui de direction moyenne; d'après une propriété connue des centres de gravité, la somme algébrique des écarts N_1M_1, N_2M_2, ... est égale à zéro, comme pour les moyennes arithmétiques.

86. Solution de Legendre. Méthode des moindres carrés. — La solution de Legendre consiste à prendre pour poids k_i les valeurs mêmes de u_i. Avec ces poids la solution générale (2) devient

$$(\text{L}) \qquad a = \frac{u_1 y_1 + u_2 y_2 + \ldots + u_{10} y_{10}}{u_1 u_1 + u_2 u_2 + \ldots + u_{10} u_{10}}.$$

L'équation qui détermine a peut être écrite

$$u_1(y_1 - au_1) + u_2(y_2 - au_2) + \ldots + u_{10}(y_{10} - au_{10}) = 0.$$

Le premier membre s'obtient en *dérivant* par rapport à a la somme des carrés des écarts

$$(y_1 - au_1)^2 + (y_2 - au_2)^2 + \ldots + (y_{10} - au_{10})^2.$$

Ainsi, *la valeur assignée à l'inconnue a par la méthode Legendre est celle qui rend minimum la somme des carrés des résidus*

$$\eta = y - au.$$

De là le nom de *méthode des moindres carrés* donné à la solution de Legendre. Le fait de rendre minimum la somme des carrés des écarts garantit la petitesse de chacun d'eux.

Quand les valeurs des u sont égales à l'unité, on retombe sur la moyenne arithmétique.

Dans ce cas particulier les équations (1) deviennent

$$y_1 = a, \qquad y_2 = a, \qquad \ldots, \qquad y_{10} = a,$$

et la moyenne arithmétique

$$a = \frac{y_1 + y_2 + \ldots + y_{10}}{10},$$

rend minimum la somme des carrés des écarts

$$(y_1 - a)^2 + (y_2 - a)^2 + \ldots + (y_{10} - a)^2.$$

A ce point de vue on peut dire que la solution de Legendre est, comme celle de Cauchy, une généralisation de la moyenne arithmétique. Mais on peut en dire autant de toutes les solutions comprises dans la formule générale du n° 84.

En appliquant la solution de Legendre à la série de Bradley, j'obtiens les résultats suivants :

Série de Bradley. — Solution de Legendre.

Numéro.	u.	y.	uy.	uu.
1.......	-9	$+17$	-153	$+81$
2.......	-16	$+20$	-320	256
3.......	-28	$+28$	-784	784
4.......	-28	-14	$+392$	784
5.......	-21	-23	$+483$	441
6.......	-17	-21	$+357$	289
7.......	-13	-39	$+507$	169
8.......	-9	-21	$+189$	81
9.......	-6	-13	$+78$	36
10.......	-4	-11	$+44$	16
			$[uy] = +793$	$2937 = [uu]$ (1)

$$a = \frac{[uy]}{[uu]} = \frac{+793}{2937} = +0{,}27 \text{ dixième de seconde,}$$

$$a = +0'',027.$$

En résumé, la solution de Legendre donne

$$a = +0'',027,$$

tandis que la solution de Cauchy a donné

$$a = +0'',051 \qquad (\text{n}^\text{o}\ 85).$$

Toutes deux indiquent une correction positive. La plus grande monte seulement à une demi-unité du dernier chiffre observé par Bradley.

Elle est à la limite des déductions qu'il est raisonnable d'admettre sur la série de Bradley (n° 75). Il y aurait un avantage assez minime à faire la correction et l'on peut dire que les deux corrections, peu sensibles, sont d'accord entre elles. Les deux méthodes donnent

(1) Avec Faye (*Cours d'Astronomie*, t. I, p. 197), nous écrivons $[uy]$ au lieu de $u_1 y_1 + u_2 y_2 + \ldots, u_{10} y_{10}$.

à peu près le même résultat, à peine différent de celui que nous avons tiré du graphique du numéro 72.

87. **Problème général de la moyenne. Méthode de Gauss.** — Entre les diverses moyennes qu'on peut former avec les 10 déterminations de l'inconnue a, nous avons étudié la solution de Cauchy et celle de Legendre. Toutes deux sont arbitraires. Gauss s'est proposé de fixer la solution en dirigeant le choix des poids par une méthode fondée sur le calcul des probabilités. Malheureusement il est nécessaire, pour appliquer la méthode, de connaître la précision, autrement dit l'écart étalon, qui correspond à chacune des déterminations de l'inconnue. Cette connaissance est souvent difficile, sinon impossible à acquérir et faute d'y arriver, on est bien obligé de recourir à une solution arbitraire comme celle de Cauchy ou celle de Legendre.

Quoi qu'il en soit, pour préciser le problème de la moyenne, *admettons* qu'on connaisse 10 déterminations $a_1, a_2, \ldots, a_{10}$ de l'inconnue a et que leurs précisions soient définies par les écarts étalons correspondants $\alpha_1, \alpha_2, \ldots, \alpha_{10}$.

Par là même *on admet* que les écarts des dix déterminations sont régis par la loi de Bernoulli. Les nombres qui mesurent les écarts des déterminations de a auraient pu être obtenus par un tirage au sort. Or, dans ce cas, l'écart d'une moyenne est, on le sait (n° 74), inversement proportionnel à la racine carrée du nombre des observations; on peut donc admettre la fiction que les nombres $a_1, a_2, \ldots, a_{10}$ résultent de moyennes où les observations étaient toutes d'égale précision, mais se trouvaient en nombres inversement proportionnels aux carrés des écarts étalons $\alpha_1, \alpha_2, \ldots, \alpha_{10}$.

Ainsi, on obtient un problème équivalent au problème proposé, par la fiction suivante :

La détermination a_1 est la moyenne de $\frac{1}{\alpha_1^2}$ observations;

La détermination a_2 est la moyenne $\frac{1}{\alpha_2^2}$ observations, ... etc.

Toutes les observations sont d'égale précision. Quelle moyenne adopter? Ici, la règle de la moyenne arithmétique s'applique à l'ensemble de toutes les observations fictives en nombre

$$\frac{1}{\alpha_1^2} + \frac{1}{\alpha_2^2} + \ldots + \frac{1}{\alpha_{10}^2}.$$

La moyenne des observations du premier groupe étant a_1, et leur nombre étant $\frac{1}{\alpha_1^2}$, la somme des observations du premier groupe est $\frac{1}{\alpha_1^2} a_1$. Le total général de toutes les observations est donc

$$\frac{1}{\alpha_1^2} a_1 + \frac{1}{\alpha_2^2} a_2 + \ldots + \frac{1}{\alpha_{10}^2} a_{10}.$$

Il en résulte, pour la moyenne générale des 10 séries fictives,

$$(\mathrm{I}) \qquad a = \frac{\frac{1}{\alpha_1^2} a_1 + \frac{1}{\alpha_2^2} a_2 + \ldots + \frac{1}{\alpha_{10}^2} a_{10}}{\frac{1}{\alpha_1^2} + \frac{1}{\alpha_2^2} + \ldots + \frac{1}{\alpha_{10}^2}}.$$

Dans cette moyenne, les *poids* des diverses déterminations a_1, a_2, ..., a_{10} sont $\frac{1}{\alpha_1^2}$, ..., $\frac{1}{\alpha_{10}^2}$, ils sont inversement proportionnels aux carrés des écarts étalons.

Le poids de la moyenne est $\frac{1}{\alpha_1^2} + \frac{1}{\alpha_2^2} + \ldots + \frac{1}{\alpha_{10}^2}$. L'écart étalon de la moyenne, inversement proportionnel au poids, sera donc

$$(\mathrm{II}) \qquad \alpha = \frac{1}{\sqrt{\frac{1}{\alpha_1^2} + \frac{1}{\alpha_2^2} + \ldots + \frac{1}{\alpha_{10}^2}}}.$$

Les formules (I) *et* (II) *représentent la solution que Gauss a donnée du problème de la moyenne.*

Applications. — Revenons à la solution qu'il convient d'adopter pour la valeur de a définie par les 10 équations de la série de Bradley :

$$(1) \qquad y_1 = au_1, \qquad y_2 = au_2, \qquad \ldots, \qquad y_{10} = au_{10}.$$

Les 10 valeurs de u ont été calculées avec exactitude. Aucune erreur ne les affecte. Au contraire les valeurs de $y = \varphi - \mathrm{P}$ contiennent un terme exact P, mais sont affectées des écarts accidentels que comportent les fréquences observées φ.

1° *Admettons d'abord que toutes les valeurs de* φ *et par suite celles de* y *aient la même précision, le même écart étalon.* L'hypothèse demande à être discutée. Inexacte sans doute dans notre exemple, elle sera vraie dans d'autres. Admettons-la. Soit η l'écart étalon pour les valeurs de y; l'écart étalon sur la valeur $a_1 = \frac{y_1}{u_1}$, tirée de la première équation, est $\frac{\eta}{u_1}$. Tout se passe comme si a_1 était la moyenne de u_1^2 observations ayant pour écart étalon η.

De même, les écarts étalons des autres déterminations sont

$$\frac{\eta}{u_2}, \quad \ldots, \quad \frac{\eta}{u_{10}}.$$

Les poids, inversement proportionnels aux carrés des écarts étalons, peuvent être pris égaux à $u_1^2, u_2^2, \ldots, u_{10}^2$; car le facteur η, commun à tous les écarts, peut être négligé.

La formule (I) donne alors, pour la moyenne des 10 déterminations $a_1, a_2, \ldots, a_{10}$,

$$a = \frac{u_1 y_1 + u_2 y_2 + \ldots + u_{10} y_{10}}{u_1^2 + u_2^2 + \ldots + u_{10}^2}.$$

C'est la solution de Legendre.

Ainsi, *la solution de Legendre est conforme au calcul des probabilités, dans le cas où les valeurs de u sont exactes et où toutes les déterminations expérimentales de y ont la même précision.*

L'écart étalon sur la moyenne a est, dans ce cas, d'après la formule (II),

$$\alpha = \frac{\eta}{\sqrt{u_1^2 + u_2^2 + \ldots + u_n^2}}.$$

2° *Envisageons maintenant l'hypothèse* où, les valeurs de u demeurant encore connues exactement, celles de y admettent, non plus des poids égaux, mais *des poids différents*. C'est, à n'en pas douter, le cas de la série comprenant les 10 échelons des observations de Bradley. Soient $h_1, h_2, \ldots, h_{10}$ les poids correspondants aux 10 échelons. La formule (I) donnera, pour expression de la moyenne,

$$(2) \qquad a = \frac{h_1 u_1 y_1 + h_2 u_2 y_2 + \ldots + h_{10} u_{10} y_{10}}{h_1 u_1^2 + h_2 u_2^2 + \ldots + h_{10} u_{10}^2}.$$

Cette solution, basée sur le calcul des probabilités, est celle de Gauss. L'équation résultante qui définit a est conséquemment

$$(3) \quad h_1 u_1(y_1 - a u_1) + h_2 u_2(y_2 - a u_2) + \ldots + h_{10} u_{10}(y_{10} - a u_{10}) = 0.$$

Dans le premier membre, on reconnaît la dérivée par rapport à la lettre a de la somme

$$(4) \qquad h_1(y_1 - au_1)^2 + h_2(y_2 - au_2)^2 + \ldots + h_{10}(y_{10} - au_{10})^2.$$

La valeur que le calcul des probabilités prescrit d'adopter pour a est donc celle qui rend la somme (4) minimum. La propriété est une généralisation de celle des moindres carrés.

88. Erreur d'une somme. — Au problème de la moyenne se rattache celui de l'erreur d'une somme. Un exemple historique le fera comprendre :

« L'armée française ([1]), pendant l'expédition d'Égypte, voulut déterminer la hauteur des pyramides de Chéops. Les assises successives, formant pour ainsi dire les 203 marches d'un gigantesque escalier par lequel on s'élève au sommet, furent mesurées successivement par les soldats du Génie. L'erreur commise 203 fois, disait-on, sera multipliée par 203. L'erreur à craindre, répondit Fourier, est multipliée par 14, racine carrée de 203. »

Et en effet, il ne s'agit pas d'une erreur systématique constante comme celle qui résulterait de l'emploi d'un mètre trop court. Les erreurs sont *accidentelles*. Étant en grand nombre, elles se compensent en partie d'après la loi des probabilités. Si e est l'erreur étalon de la série des mesures, l'erreur étalon sur la moyenne arithmétique est $\frac{e}{\sqrt{203}}$ L'erreur sur le total est 203 fois plus forte; c'est $e\sqrt{203} = 14e$, comme l'affirmait Fourier. Au lieu de l'erreur *étalon*, on peut introduire l'erreur *probable* (nº 73); le résultat est le même.

89. Erreur d'une fonction. — Une grandeur f est calculée à l'aide de deux autres x, y qui sont affectées d'erreurs probables ξ, η. Quelle est l'erreur probable φ de f ?

Je suppose que le nombre x soit la moyenne de n mesures $x_1, x_2, \ldots, x_n$ affectées des erreurs accidentelles $\xi_1, \xi_2, \ldots, \xi_n$ et qu'il en soit de même pour y.

([1]) BERTRAND, *Calcul des probabilités*, 1889, p. 220.

A la première détermination de x_1, y_1 correspond la première valeur f_1 de f.

L'erreur φ_1 a pour expression

$$\varphi_1 = a\xi_1 + b\eta_1,$$

où a, b sont les coefficients différentiels de f, c'est-à-dire les accroissements de f par unités d'accroissement de x et de y. A cause de cette *forme linéaire*, quand on donne à x et y leurs valeurs moyennes on obtient pour f la moyenne des n déterminations. L'erreur probable de cette moyenne a pour carré (n° 73)

$$\varphi^2 = \frac{\varphi_1^2 + \varphi_2^2 + \ldots + \varphi_n^2}{n} = a^2 \frac{\xi_1^2 + \xi_2^2 + \ldots + \xi_n^2}{n} + b^2 \frac{\eta_1^2 + \eta_2^2 + \ldots + \eta_n^2}{n} + 2ab \frac{\xi_1\eta_1 + \ldots}{n}.$$

Dans le deuxième membre, le multiplicateur de a^2 est ξ^2, le multiplicateur de b^2 est η^2. Quant au multiplicateur de $2ab$, il est négligeable; car les produits $\xi\eta$, indifféremment positifs ou négatifs, se détruisent en grande partie. On a donc

$$\varphi^2 = a^2\xi^2 + b^2\eta^2.$$

Le carré de l'erreur probable d'une fonction de plusieurs grandeurs est égale à la somme des carrés des erreurs probables qui viennent de chacune des grandeurs considérées isolément.

Au lieu *d'erreur probable*, on peut dire aussi bien *erreur étalon.*

90. **Réserves nécessaires aux résultats de ce paragraphe.** — Les résultats précédents sont subordonnés à l'hypothèse fondamentale que les écarts envisagés sont nombreux et obéissent à la loi de Bernoulli. L'hypothèse est rarement réalisée d'une manière satisfaisante. Il en résulte qu'il ne faut appliquer la théorie qu'avec beaucoup de réserve.

La question étant posée de résoudre par rapport à a les équations

$$y_1 - au_1 = 0, \qquad y_2 - au_2 = 0, \qquad \ldots,$$

de façon à satisfaire le mieux possible à leur ensemble, le calcul des probabilités détermine le problème dans le cas que nous avons traité; il est impuissant à le faire, si l'on ne donne pas les renseignements complets sur la précision des valeurs de y et de u. Or l'ignorance à ce sujet est un cas bien fréquent; quand l'ignorance n'est pas complète, elle n'est presque jamais remplacée par une connaissance quelque peu sérieuse sur la précision nécessaire à connaître au sujet des valeurs de y et de u. Dans ce cas, il est dans la coutume de préférer la solution de Legendre parce qu'on s'imagine qu'elle est conforme au calcul des probabilités. C'est là une erreur profonde si l'on n'est pas assuré de deux choses, d'abord l'exactitude rigoureuse des valeurs de u, puis l'égale précision des valeurs de y.

Or, dans l'ignorance où l'on se trouve généralement à ce sujet, il faut bien reconnaître que la méthode de Legendre est *imprudente*. En effet, si la première valeur u, par exemple, se trouve notablement plus forte que les autres, la méthode de Cauchy attribue déjà une influence prépondérante à la première détermination; mais, dans celle de Legendre, l'influence de la première détermination est encore exagérée par le grand poids u qui lui est attaché. Autant supprimer les autres déterminations [1].

Au contraire, la solution de Cauchy, plus prudente, laisse à toutes les observations une influence sensible. En outre, elle conduit à des calculs plus simples, puisqu'elle évite les multiplications par les nombres u_1, u_2, ... Pour les deux raisons que je viens d'exposer, elle peut être préférée à la solution de Legendre quand on n'est pas bien renseigné sur la précision des valeurs de y et de u.

§ 2. — PROBLÈME GÉNÉRAL DE L'AJUSTEMENT. MÉTHODE DES MOINDRES CARRÉS.

91. Le problème général de l'ajustement. — Dans le précédent paragraphe, nous avons exposé le problème de l'ajustement à une seule inconnue sur un exemple, celui de l'ajustement des fréquences observées φ avec les fréquences théoriques P réglées par la loi de Bernoulli. Les fréquences théoriques P dépendent du nombre choisi

[1] S'il arrive, par exemple, que l'erreur relative sur u est la même pour toutes les équations, la solution de Legendre sera détestable.

pour l'écart étalon et il s'agit de faire le meilleur choix. Tel est le problème de l'ajustement avec une seule inconnue.

Dans l'étude de la taille des conscrits (nº 76), nous avons rencontré un problème d'ajustement qui contient deux inconnues, la taille moyenne et l'écart étalon. On s'est contenté, pour ces inconues, des valeurs relevées sur le graphique du nº 78, sans chercher à perfectionner la solution.

Le problème de l'ajustement se généralise ainsi :

Certaines expériences ou certaines vues théoriques établissent ou font penser qu'une grandeur φ dépend d'une autre x (ou de plusieurs autres) d'après une loi F (x, A, B, C) où figurent des constantes A, B, C. Celles-ci sont inconnues *a priori;* il faut les demander à l'expérience. Pour les connaître et vérifier la loi, on observe un grand nombre de valeurs corrélatives de x et φ, puis on forme les équations (en nombre égal)

$$\varphi - F(x, A, B, C) = 0. \tag{1}$$

A cause des erreurs d'observation, ces équations, qui devraient être compatibles, ne le sont pas. Les valeurs de $\varphi - F$ ne sont pas nulles. Ce sont les *écarts* entre l'observation et la théorie, les *résidus* de leur comparaison (nº 83).

Le problème de l'ajustement consiste à trouver la solution la plus convenable pour A, B, C.

92. Simplification du problème. — Ce problème général admet deux simplifications, celles que nous avons développées au paragraphe précédent pour le cas d'une seule inconnue. La première consiste à ramener, s'il y a lieu, les écarts

$$y = \varphi - F(x, A, B, C), \tag{2}$$

à admettre le même étalon, en multipliant les deux membres de chaque expression (2) par un nombre convenable.

La deuxième simplification consiste à remplacer les formules (2) par les *équations linéaires* relativement aux inconnues, au moyen de la *méthode différentielle.* Pour cela, par un procédé quelconque, au moyen de trois des équations (1), par exemple, on détermine une première solution A, B, C; puis on cherche les corrections a, b, c qu'il convient de leur porter.

Dans le problème des conscrits, par exemple, la fréquence φ correspondante à la taille x est sensiblement représentée par la loi théorique

$$\varphi = F(x, 1^m,616, 0^m,104) = P\left(\frac{x - 1^m,616}{0^m,104}\right),$$

où P est la probabilité qu'on trouve dans la Table de Bernoulli en face de l'écart réduit qui a pour valeur $t = \dfrac{x - 1^m,616}{0^m,104}$.

Quels accroissements a et b faut-il donner aux valeurs adoptées $1^m,616$ et $0^m,104$ pour obtenir le meilleur ajustement de la loi théorique avec les nombres observés φ?

Pour obtenir la simplification souhaitée, on détermine les accroissements u et v que prend P quand on augmente, soit le premier nombre $1^m,616$, soit le deuxième $0^m,104$ d'une unité arbitraire. Si l'on augmente les deux nombres respectivement et simultanément de a unités et de b unités, l'accroissement de P sera $au + bv$. L'écart qui était $y = \varphi - P$ entre l'observation et la loi théorique deviendra donc

$$\eta = y - au - bv,$$

Les écarts sont ainsi ramenés à la *forme linéaire*. Il y en a 8 de cette espèce dans notre problème des conscrits. Il s'agit de choisir les nombres a et b de façon à rendre le plus petit possible, le plus satisfaisant possible, l'ensemble des 8 écarts η.

93. **Méthode des moindres carrés.** — Pour fixer la pensée sur un exemple et simplifier le langage, comme les écritures, je suppose que le problème comporte seulement deux constantes inconnues a et b. Les explications n'en seront pas moins générales.

Notre problème simplifié est celui-ci :

Les écarts entre l'observation et la loi théorique admettent tous la même précision; leurs valeurs sont celles de l'expression

$$\eta = y - au - bv,$$

où y, u, v prennent des valeurs connues pour chaque observation. Quelle solution convient-il d'adopter pour les constantes a, b, de la loi théorique, de façon que les écarts η présentent l'ensemble le plus satisfaisant?

Le but est vague. La nature du sujet le veut ainsi. Pour préciser le problème, on *admet* que les écarts suivent la loi théorique de Bernoulli et l'on cherche les valeurs de a, b qui rendent les écarts le plus satisfaisants relativement à la loi. Il faut préciser encore; on peut le faire par deux moyens qui conduisent à la même solution, celle des moindres carrés.

Première méthode. — Chaque solution (a, b) conduit à un système d'écarts η qui admet un étalon e. *On cherche la solution qui rend minimum l'étalon* e ou, ce qui revient au même, l'écart probable $\varepsilon = 0{,}477\, e$ (nº 73).

Or, l'*écart probable d'une longue série a pour carré, approximativement, la moyenne arithmétique des carrés des écarts de la série* (nº 73). Donc *les valeurs cherchées de a, b sont celles qui rendent minimum la somme des carrés des écarts de la série.*

Deuxième méthode. — Le système des écarts η a une certaine probabilité qui change avec les nombres η et, par conséquent, avec la solution choisie (a, b). On cherche la solution qui rend maximum la probabilité du système des écarts η.

La probabilité maximum correspond, on le comprend, au minimum de l'écart étalon. On est donc ramené à la première méthode. On retombe sur la solution des moindres carrés. Résultat satisfaisant, puisqu'on l'a déjà rencontré, pour le cas d'une seule inconnue, par la méthode de la moyenne (nº 87).

94. Équations résultantes. — On doit adopter pour les inconnues a, b, la solution qui rend minimum la somme des carrés des écarts

$$S = (y_1 - au_1 - bv_1)^2 + (y_2 - au_2 - bv_2)^2 + \ldots.$$

La théorie des maxima et minima fait savoir que les deux équations pour la détermination des deux inconnues a, b s'obtiennent en égalant à zéro les dérivées de la somme S prises respectivement par rapport aux deux inconnues. Les équations appelées *équations résultantes* sont donc

$$(a) \qquad u_1(y_1 - au_1 - bv_1) + u_2(y_2 - au_2 - bv_2) + \ldots = 0,$$

$$(b) \qquad v_1(y_1 - au_1 - bv_1) + v_2(y_2 - au_2 - bv_2) + \ldots = 0.$$

J'ordonne les deux équations par rapport aux inconnues a, b et je simplifie l'écriture, comme au n° 86, en désignant, par exemple, la somme des produits $u_1 v_1 + u_2 v_2 + \ldots$, etc. par $[uv]$. Les équations résultantes s'écrivent ainsi

$$(a) \qquad [uu]a + [uv]b = [uy],$$
$$(b) \qquad [vu]a + [vv]b = [vy].$$

Les deux équations (a) et (b) correspondent respectivement aux deux inconnues a, b. Celle qui correspond à a, par exemple, s'obtient en faisant la somme ou *résultante* des équations

$$y_1 - au_1 - bv_1 = 0,$$
$$y_2 - au_2 - bv_2 = 0,$$
$$\ldots\ldots\ldots\ldots\ldots\ldots,$$

multipliées chacune par le coefficient de a dans cette équation.

Pour cette raison, je désignerai encore les *coefficients résultants* de la première équation par y_a, u_a, v_a, w_a. Avec cette nouvelle notation, les deux équations résultantes s'écrivent

$$(a) \qquad y_a = au_a + bv_a,$$
$$(b) \qquad y_b = au_b + bv_b.$$

Il ne reste qu'à résoudre ces équations. J'exposerai plus loin une méthode qui fournit les inconnues par une marche de calcul souvent très avantageuse. Elle a été développée par Cauchy.

95. Écart étalon de la série. Écart probable. — Les écarts entre les observations et la loi théorique sont

$$\eta_1 = y_1 - au_1 - bv_1, \qquad \eta_2 = y_2 - au_2 - bv_2, \qquad \ldots.$$

On peut les utiliser pour en déduire l'écart étalon que leur assigne la loi de Bernoulli. Nous l'avons fait au moyen d'un graphique dans l'étude de la série de Bradley; on peut le faire au moyen du théorème que nous avons invoqué au n° 93, savoir : *Le carré de l'écart probable est la moyenne arithmétique des carrés des écarts de la série.*

Si n est le nombre des observations, l'*écart probable* a pour carré (n° 73)

$$\frac{\eta_1^2 + \eta_2^2 + \ldots + \eta_n^2}{n}.$$

Une correction toutefois doit être faite, car cette évaluation est un peu *faible*. On s'en rend compte ainsi : les valeurs de a, b, que nous avons adoptées ne sont pas les valeurs exactes, mais les valeurs erronées qui résultent des observations. Avec les valeurs exactes, a, b, la somme des carrés des écarts serait plus grande. L'évaluation de l'écart probable serait plus grande. Mais de combien ?

Pour s'en rendre compte, on peut raisonner ainsi : nos deux équations résultantes peuvent remplacer deux des équations données, en sorte que la vérification de la loi porte seulement sur $n-2$ équations; on doit alors compter le total des carrés des écarts comme répondant à $n-2$ écarts. Ainsi, il convient d'évaluer l'écart probable par la formule

$$\frac{\eta_1^2+\eta_2^2+\ldots+\eta_n^2}{n-2}.$$

96. Application au pendule géodésique ([1]). — La longueur L du pendule simple qui bat la seconde est liée à l'aplatissement m du globe terrestre par l'équation de Clairaut

$$\mathrm{L}=l+\left(\frac{5}{2}q-m\right)l\cos^2\lambda,$$

où l représente la longueur du pendule à l'équateur, q le rapport $\frac{1}{289}$ de la force centrifuge à la pesanteur, toujours à l'équateur, et λ la colatitude.

Voici diverses mesures de L effectuées en divers points du globe par des navigateurs :

	λ.	L.
	° ′	cm
Au Spitzberg..............	10.10	99,613
Saint-Pétersbourg..........	30. 3	99,497
New-York..................	49.17	99,324
La Jamaïque..............	72. 4	99,156
Ile Saint-Thomas...........	89.35	99,119
Rio de Janeiro.............	112.55	99,177
Montevideo................	124.54	99,270
Cap Horn..................	145.51	99,462
New Shetland..............	152.56	99,523

(1) FAYE, *Cours d'Astronomie*, t. I, 1881, p. 204.

Des observations on veut conclure les valeurs de deux constantes inconnues, la longueur l du pendule battant la seconde à l'équateur et l'aplatissement de la terre m.

La longueur l est visiblement voisine de $99^{\text{cm}},1$. Nous prendrons donc pour inconnue, au lieu de l, l'accroissement a qu'il convient de donner à cette évaluation de $99^{\text{cm}},1$. Quant à la deuxième inconnue, on simplifie en choisissant, au lieu de m, la quantité $b = \left(\frac{5}{2}q - m\right)l$. Avec les nouvelles inconnues, la formule du pendule est remplacée par celle-ci

$$y = au + bv,$$

où y représente la valeur de la variable $+l - 99^{\text{cm}},1$; v est la valeur correspondante de $\cos^2\lambda$. Enfin u est égal à l'unité. Les valeurs de y et v pour les neuf observations sont indiquées dans la deuxième et la troisième colonne du Tableau suivant :

Numéro.	y.	v.	yv.	vv.
	cm		cm	
1.......	0,513	0,969	0,497	0,938
2.......	0,397	0,749	0,297	0,561
3.......	0,224	0,426	0,095	0,181
4.......	0,056	0,095	0,005	0,009
5.......	0,019	0,000	0,000	0,000
6.......	0,077	0,152	0,012	0,023
7.......	0,170	0,327	0,056	0,107
8.......	0,362	0,685	0,248	0,469
9.......	0,423	0,793	0,335	0,629
	2,241	4,196	1,545	2,917

L'équation résultante (a) s'obtient en multipliant les 9 équations de la série par $+1$ et ajoutant. Pour l'équation (b), on multiplie chacune des équations de la série par la valeur correspondante de v, et l'on ajoute. Les nombres obtenus pour les produits et pour les sommes sont inscrits dans le Tableau ci-dessus dans lequel on lit les coefficients des équations (a) et (b), savoir

$$(a) \qquad 2^{\text{cm}},241 = 9a + 4,196b,$$

$$(b) \qquad 1^{\text{cm}},545 = 4,196a + 2,917b.$$

La résolution des équations (a) et (b) donne

$$a = 0^{cm},0066,$$
$$b = 0^{cm},520.$$

Par conséquent, la longueur du pendule simple battant la seconde est, à l'équateur,

$$l = 99^{cm},1066\,;$$

aux pôles

$$L = l + b = 99^{cm},6266.$$

Enfin, de la valeur de b on déduit celle de l'aplatissement m par la formule

$$\left(\frac{5}{2}\,\frac{1}{289} - m\right)99^{cm},1066 = 0^{cm},520.$$

On trouve

$$m = 0,00340 = \frac{1}{294}.$$

Il reste à comparer l'observation y avec la loi théorique $au + bv$ par les différences $\eta = y - au - bv$. Dans ce but, on forme le Tableau suivant :

Numéro.	y.	$au + bv$.	η.	η^2.
1.......	0,513	0,511	+0,002	4.10^{-6}
2.......	0,397	0,396	+ 1	1
3.......	0,224	0,228	— 4	16
4.......	0,056	0,056	0	0
5.......	0,019	0,007	+ 12	144
6.......	0,077	0,086	— 9	81
7.......	0,170	0,177	— 7	49
8.......	0,362	0,363	— 1	1
9.......	0,423	0,419	+ 4	16
				312.10^{-6}

Il en résulte que l'écart probable a pour carré

$$\varepsilon^2 = \frac{312}{9-2}\,10^{-6}.$$

On en déduit pour l'écart probable de la série la valeur

$$\varepsilon = 0^{cm},0067.$$

97. Erreurs probables sur la détermination des inconnues. — Les équations résultantes sont

$$(a) \qquad y_a = au_a + bv_a,$$

$$(b) \qquad y_b = au_b + bv_b.$$

On en tire pour les inconnues a et b les valeurs

$$a = \frac{y_a v_b - y_b v_a}{u_a v_b - u_b v_a}, \qquad b = \frac{u_a y_b - u_b y_a}{u_a v_b - u_b v_a}.$$

D'après les notations du n° 94, le dénominateur commun des inconnues a pour expression

$$D = [uu][vv] - [uv]^2 = u_a v_b - v_a^2.$$

Au numérateur de a, je remplace y_a et y_b par les symboles équivalents $[u\ y]$ et $[v\ y]$. J'obtiens

$$a = \frac{v_b[uy] - v_a[vy]}{D} = \frac{(u_1 v_b - v_1 v_a) y_1 + (u_2 v_b - v_2 v_a) y_2 + \ldots}{D}.$$

D'après le n° 89, *le carré de l'erreur probable sur a est la somme des carrés des erreurs probables sur les termes en* $y_1, y_2, \ldots,$ etc. (¹). Or les erreurs probables sur $y_1, y_2, \ldots,$ sont toutes ε. L'erreur probable sur a a donc pour carré

$$\alpha^2 = \frac{\varepsilon^2}{D^2}[(u_1 v_b - v_1 v_a)^2 + (u_2 v_b - v_2 v_a)^2 + \ldots],$$

ou

$$\alpha^2 = \frac{\varepsilon^2}{D^2}\left\{ v_b^2 [uu] + v_a^2 [vv] - 2[uv] v_a v_b \right\}.$$

Dans cette expression je remplace $[uu]$, $[vv]$, $[uv]$ respectivement par les notations équivalentes u_a, v_b, v_a ; l'expression de α^2 devient

$$\alpha^2 = \frac{\varepsilon^2}{D^2}(v_b^2 u_a - v_a^2 v_b) = \frac{\varepsilon^2}{D^2} v_b (v_b u_a - v_a^2).$$

Je supprime du dénominateur un facteur D et, au numérateur,

(¹) Cet emploi du théorème, bien qu'il soit classique, n'est guère correct; car la démonstration faite dans le cas du n° 89 ne s'applique pas bien ici. Au n° 109 j'expose une autre méthode qui n'est pas sujette à la même objection.

le binome $(v_b u_a - v_a^2)$ qui est précisément l'expression de D; j'obtiens

$$\alpha^2 = \frac{v_b}{D}\varepsilon^2$$

et de même

$$\beta^2 = \frac{u_a}{D}\varepsilon^2.$$

Une règle pratique due à Gauss permet d'écrire ces formules dès qu'on a celles de a et b. Pour α^2, prendre l'expression de a, puis remplacer y_a par ε^2 et y_b par zéro; pour β^2, prendre l'expression de b, remplacer y_a par zéro et y_b par ε^2. La règle s'étend au cas d'un nombre quelconque d'inconnues.

98. **Application au pendule géodésique.** — En appliquant les formules des erreurs au problème du pendule, on trouve

$$\alpha = 0^{\text{cm}},0039,$$
$$\beta = 0^{\text{cm}},0068.$$

On en déduit pour la longueur l et l'aplatissement m les erreurs probables $\alpha = 0^{\text{cm}},0039$ et $\mu = 0,00007$.

Il est dans la coutume de représenter les résultats l et m, avec leurs erreurs probables α et μ, sous la forme que voici :

$$l = 99^{\text{cm}},1066 \pm 0^{\text{cm}},0039,$$
$$m = 0^{\text{cm}},00340 \pm 0^{\text{cm}},00007.$$

99. **Extension des formules au cas de la précision variable.** — Des mesures de la longueur du pendule faites à des époques différentes, en des lieux variés, par des observateurs divers, avec un outillage particulier à chacun d'eux, ont, sans doute, des précisions différentes. Considérons donc les écarts entre l'observation y et la loi théorique $au + bv$; ils ont pour valeurs

$$(1) \qquad \eta_1 = y_1 - au_1 - bv_1, \qquad \eta_2 = y_2 - au_2 - bv_2, \quad \ldots.$$

Chacun d'eux est supposé résulter de la moyenne d'un nombre suffisant de déterminations. L'écart étalon de chaque observation peut alors être déterminé; il change d'une équation à l'autre.

Je ramène tous les écarts étalons à l'unité, en considérant les écarts réduits. Pour cela, je divise chacun des écarts $\eta_1, \eta_2, \ldots, \eta_n$ par les étalons correspondants, $\varepsilon_1, \varepsilon_2, \ldots, \varepsilon_n$.

Les écarts étalons étant désormais égaux, nous devons rendre minimum la somme des carrés des résidus

$$\frac{(y_1 - au_1 - bv_1)^2}{\varepsilon_1^2} + \ldots.$$

Je désigne par $h_1, h_2, \ldots, h_n$ les poids

$$\frac{1}{\varepsilon_1^2}, \frac{1}{\varepsilon_2^2}, \ldots, \frac{1}{\varepsilon_n^2};$$

je dois donc rendre minimum la somme

$$h_1(y_1 - au_1 - bv_1)^2 + h_2(y_2 - au_2 - bv_2)^2 + \ldots + h_n(y_n - au_n - bv_n)^2.$$

Nous retrouvons, pour le cas de plusieurs inconnues, la solution de Gauss que nous avions exposée au n° 87, pour le cas d'une seule inconnue.

Les équations résultantes sont

$$(a) \qquad 0 = h_1 u_1 (y_1 - au_1 - bv_1) + h_2 u_2 (y_2 - au_2 - bv_2) \ldots,$$
$$(b) \qquad 0 = h_1 v_1 (y_1 - au_1 - bv_1) + h_2 v_2 (y_2 - au_2 - bv_2) \ldots.$$

On les écrit encore, avec les notations du n° 94,

$$(a) \qquad [huy] = [huu]a + [huv]b,$$
$$(b) \qquad [hvy] = [hvu]a + [hvv]b,$$

ou encore

$$y_a = au_a + bv_a,$$
$$y_b = au_b + bv_b.$$

J'ai raisonné sur les écarts étalons, on peut raisonner sur les écarts probables.

Dans cette hypothèse, cherchons, c'est la coutume, les erreurs probables sur la détermination des inconnues a, b. Il suffit d'appliquer à notre cas la règle de Gauss exposée au n° 97, savoir

$$\alpha^2 = \frac{v_b}{D} \varepsilon^2,$$

$$\beta^2 = \frac{u_a}{D} \varepsilon^2.$$

Dans notre cas, on a

$$u_a = [huu], \qquad v_b = [hvv], \qquad D = [huu][hvv] - [huv]^2.$$

Quant à l'écart probable ε, il a été ramené à l'unité. On a donc

$$\alpha^2 = \frac{[hvv]}{[huu][hvv] - [huv]^2}, \qquad \beta^2 = \frac{[huu]}{[huu][hvv] - [huv]^2}.$$

Il n'est peut-être pas inutile de rappeler ici les notations :

$[huu]$, par exemple, représente $h_1 u_1^2 + h_2 u_2^2 + \ldots + h_n u_n^2$;

$h_1 = \frac{1}{\varepsilon_1^2}$, par exemple, est l'inverse du carré de l'erreur probable de la première détermination y_1.

100. Simplifications pratiques. — La méthode des moindres carrés exige la multiplication des équations respectivement par les poids u correspondants, puis par les poids v; multiplications fastidieuses et sujettes à erreurs. Or, dans le cas de la précision variable, qui est vraiment le cas le plus ordinaire, ces multiplicateurs doivent être notablement changés par l'introduction des facteurs h qui, peuvent varier très facilement du simple au double. Les poids qu'on emploie sont donc toujours très incertains. D'autre part, puisque la somme des carrés des écarts est rendue minimum, un petit changement dans les poids employés laissera la somme des carrés des écarts à peu près inchangée, en sorte qu'on aura une solution tout aussi bonne en remplaçant les poids exacts u par des valeurs grossièrement approchées. On pourra, par exemple, conserver seulement pour poids le premier chiffre significatif de chacun des nombres u et v.

Les calculs seront ainsi très simplifiés.

Comme deuxième simplification, on pourra exécuter les multiplications, soit par la règle à calcul, soit par les Tables de Crelle. En effet, il ne s'agit ici que d'un calcul de correctiou qui n'exige pas une grande précision. On ira ainsi plus vite et plus sûrement.

Nous allons voir comment on peut améliorer encore la méthode d'ajustement au point de vue pratique, en utilisant avec Cauchy la méthode des différences.

§ 3. — LA MÉTHODE DES DIFFÉRENCES POUR LES CALCULS D'AJUSTEMENT.

101. Approximations successives. — Dans bien des cas, il arrive que la loi théorique

$$y = \mathrm{F}(x, \mathrm{A}, \mathrm{B}, \mathrm{C}),$$

qui lie la fonction y à la variable x par le moyen des constantes A, B, C, est mal connue ou d'une forme incommode. Dans ce cas, il y a avantage à remplacer la fonction exacte $\mathrm{F}(x, \mathrm{A}, \mathrm{B}, \mathrm{C})$ par un développement en série

$$y = au + bv + cw \ldots.$$

Les coefficients a, b, c, ..., sont des constantes; les u, v, w, ..., peuvent être calculés au moyen de la variable x d'une façon déterminée et connue dans chaque exemple donné.

Tel est le cas du développement en série qui s'est présenté à Cauchy, dans ses recherches sur la dispersion de la lumière. Avec de tels développements en série, il arrive toujours que, dans le domaine observé, les premiers termes sont prépondérants. L'influence des termes diminue pour devenir négligeable à mesure qu'on s'éloigne dans la série. Alors, il faut essayer d'abord la formule à un terme $y = au$. Si elle ne suffit pas, on prend deux termes, $y = au + bv$, et ainsi de suite. Chaque fois, pour chaque nouveau terme, les méthodes que nous avons exposées exigent un calcul nouveau et complet. Tout le travail fait pour les essais précédents est perdu. Les calculs sont jetés au panier.

Cauchy a imaginé une méthode par différences successives qui évite le grave inconvénient que je viens de signaler. Chaque approximation qui se montre insuffisante est une étape utile à l'approximation suivante. Tous les calculs servent jusqu'au bout. En outre, ils offrent des vérifications continuelles qui empêchent les fautes numériques. La méthode, d'ailleurs, aussi bien que dans le cas du développement en série, s'applique aux cas quelconques envisagés dans le précédent paragraphe; elle s'applique à l'exemple du pendule comme à tout autre.

102. Méthode de Cauchy. Calcul par différences. — *Première approximation.* — Les équations à résoudre en première approximation sont celles-ci :

$$(1)\qquad y_1 = au_1, \qquad y_2 = au_2, \qquad \ldots, \qquad y_n = au_n.$$

La solution de Cauchy (n° 85) *consiste à les ajouter membre à membre, après avoir multiplié les deux membres par* + 1 *ou* — 1 *suivant que la valeur correspondante de u est positive ou négative.*

J'appelle y_a et u_a les sommes obtenues dans le calcul de a et que j'appelle *valeurs résultantes* de y et u dans ce calcul. L'équation résultante pour le calcul de a est ainsi

$$(2)\qquad y_a = au_a,$$

d'où l'on tire

$$(A)\qquad a = \frac{y_a}{u_a}.$$

Les écarts entre l'observation et le calcul sont :

$$\Delta y_1 = y_1 - \frac{y_a}{u_a}u_1, \qquad \Delta y_2 = y_2 - \frac{y_a}{u_a}u_2, \qquad \ldots, \qquad \Delta y_n = y_n - \frac{y_a}{u_a}u_n.$$

Comme vérification des calculs numériques, la valeur résultante de ces résidus doit être nulle, car elle a pour expression

$$[\Delta y]_a = \left(y - \frac{y_a}{u_a}u\right)_a = y_a - \frac{y_a}{u_a}u_a = 0.$$

Deuxième approximation. — Ces résidus doivent présenter les caractères d'écarts accidentels ; s'il n'en est pas ainsi, c'est que certains termes négligés doivent être rétablis dans l'équation de départ ; alors l'équation (1) doit s'écrire, en introduisant par exemple le deuxième terme,

$$(1)\qquad y = au + bv.$$

L'équation résultante (2), trouvée dans la première approximation, s'écrira donc désormais

$$(2)\qquad y_a = au_a + bv_a.$$

Je vais combiner les égalités (1) et (2) de manière à mettre en évidence les différences du premier ordre. Pour cela, je retranche membre à membre ces égalités après avoir multiplié des deux membres de (2) par $\frac{1}{u_a} u$; j'obtiens l'égalité

$$(3) \qquad y - \frac{y_a}{u_a} u = b\left(v - \frac{v_a}{u_a} u\right)$$

que j'écris avec Cauchy

$$(3)' \qquad \Delta y = b\,\Delta v,$$

en représentant d'une façon générale par ΔX la différence $X - \frac{X_a}{u_a} u$.

L'égalité (3)', écrite pour chacune des n observations, fournit n nouvelles égalités ne renfermant plus que l'inconnue b et sur lesquelles j'opère comme dans la première approximation. Je les ajoute membre à membre après avoir multiplié les deux membres de chacune d'elles par $+1$ ou -1 suivant que la valeur correspondante de Δv est positive ou négative. Je représente par l'indice b les valeurs résultantes fournies par les nouveaux poids et, au lieu de $(\Delta y)_b$ par exemple, j'écris Δy_b, ce qui ne risque pas d'apporter de confusion.

J'obtiens ainsi, pour déterminer b, l'équation

$$(4) \qquad \Delta y_b = b\,\Delta v_b.$$

Le système des équations (2) et (4) donne, pour les inconnues a et b de la deuxième approximation, les valeurs

$$(B) \qquad \begin{cases} b = \dfrac{\Delta y_b}{\Delta v_b}, \\ a = \dfrac{y_a}{u_a} - b\dfrac{v_a}{u_a}. \end{cases}$$

Les résidus de la deuxième approximation $\Delta^2 y$ sont ceux de l'équation (3)' où l'on remplace b par sa valeur $\frac{\Delta y_b}{\Delta v_b}$. Ils s'obtiennent en écrivant, pour les n observations, les valeurs numériques de la différence

$$\Delta^2 y = \Delta y - \frac{\Delta y_b}{\Delta v_b}\Delta v.$$

Ils offrent les vérifications suivantes :

$$\Delta^2 y_a = 0, \qquad \Delta^2 y_b = 0.$$

Troisième approximation. — Si les différences $\Delta^2 y$ ne présentent pas les caractères d'erreurs accidentelles, les égalités précédentes doivent s'écrire, en ajoutant un troisième terme,

(1) $$y = au + bv + cw,$$

(2) $$y_a = au_a + bv_a + cw_a,$$

(3) $$y - \frac{y_a}{u_a} u = b\left(v - \frac{v_a}{u_a} u\right) + c\left(w - \frac{w_a}{u_a} u\right),$$

(3)′ $$\Delta y = b\,\Delta v + c\,\Delta w,$$

(4) $$\Delta y_b = b\,\Delta v_b + c\,\Delta w_b.$$

Multipliant les deux membres de l'égalité (4) par $\frac{\Delta v}{\Delta v_b}$ et retranchant membre à membre de l'égalité (3)′ j'obtiens la formule

(5) $$\Delta y - \frac{\Delta y_b}{\Delta v_b} \Delta v = c\left(\Delta w - \frac{\Delta w_b}{\Delta v_b} \Delta v\right),$$

que j'écris, toujours avec Cauchy,

(5)′ $$\Delta^2 y = c\,\Delta^2 w.$$

Les équations résultantes (2), (4) et (5)′ déterminent les trois inconnues a, b, c de la troisième approximation. Les formules résolues sont :

(C) $$\left\{\begin{aligned} c &= \frac{\Delta^2 y_c}{\Delta^2 w_c}, \\ b &= \frac{\Delta y_b}{\Delta v_b} - c\frac{\Delta w_b}{\Delta v_b}, \\ a &= \frac{y_a}{u_a} - b\frac{v_a}{u_a} - c\frac{w_a}{u_a}. \end{aligned}\right.$$

Les différences entre l'observation et la théorie sont les résidus de l'équation (5)′; ils s'obtiennent en écrivant pour les n observations la formule

$$\Delta^3 y = \Delta^2 y - \frac{\Delta^2 y_c}{\Delta^2 w_c} \Delta^2 w.$$

Ils offrent les vérifications

$$\Delta^3 y_a = 0, \qquad \Delta^3 y_b = 0, \qquad \Delta^3 y_c = 0.$$

Si les différences $\Delta^3 y$ ne présentent pas les caractères d'erreurs accidentelles, on ajoute un terme aux équations précédentes et l'on continue ainsi de suite jusqu'à ce qu'on obtienne des différences qui satisfassent à cette condition. La loi de formation des diverses équations est d'ailleurs mise en évidence; pour ne pas alourdir les explications, je supposerai, dans la suite, que la formule (1) est limitée à trois termes.

103. Application au pendule. — Des applications de la méthode des approximations successives que je viens d'exposer se trouvent dans ma thèse [1] sur la dispersion de la lumière. Je craindrais de disséminer l'attention et de fatiguer inutilement le lecteur en abordant ce nouveau sujet. Je préfère appliquer la méthode de Cauchy à un exemple simple déjà traité, celui du pendule géodésique (n° 96).

Voici le calcul

$$y = au + bv \qquad (u = 1).$$

	y.	Δy.	$-\frac{\Delta y_b}{\Delta v_b} v$.	Δy^2.	v.	Δv.
	mm 5,13	+ 2,64	−2,64	0,00	0,969	+0,503
	3,97	+ 1,48	−1,49	− 1	0,749	+0,283
	2,24	− 0,25	+0,21	− 4	0,426	−0,040
	0,56	− 1,93	+1,95	+ 2	0,095	−0,371
	0,19	− 2,30	+2,45	+ 15	0,000	−0,466
	0,77	− 1,72	+1,65	− 7	0,152	−0,314
	1,70	− 0,79	+0,73	− 6	0,327	−0,134
	3,62	+ 1,13	−1,15	− 2	0,685	+0,219
	4,23	+ 1,74	−1,72	+ 2	0,793	+0,327
$y_a =$	22,41	$\Delta y_b = +13{,}98$			$v_a = 4{,}196$	+2,657
$\frac{y_a}{u_a} = +$	2,490	$\frac{\Delta y_b}{\Delta v_b} = +\ 5{,}25$			$\frac{v_a}{u_a} = 0{,}4662$	
$-b\frac{v_a}{u_a} = -$	2,450					
$a = +$	0,040	$b = +5^{\text{mm}},25$				

Rappelons, à titre de comparaison, qu'au n° 96, nous avons trouvé par la méthode des moindres carrés

$$a = 0^{\text{mm}},066 \qquad b = 5^{\text{mm}},20$$
$$\pm 39, \qquad\qquad \pm 7.$$

---

(1) Carvallo, *Annales de l'École Normale supérieure*, Paris. Supplément pour 1890.

On voit, par cette comparaison, que la solution de Cauchy est tout à fait d'accord avec celle de Legendre.

Si l'on observe que les poids de Legendre ne présentent aucune garantie d'exactitude et qu'ils compliquent démesurément le calcul, on pensera sans doute qu'il est préférable d'appliquer ici la méthode de Cauchy. Elle permet d'ailleurs de calculer l'erreur probable des résultats, comme la méthode de Legendre, mais nous verrons plus loin (n° 109) un procédé mieux adapté à la méthode de calcul par différences.

104. **Extension du calcul par différences à la méthode des moindres carrés.** — Les équations résultantes de la méthode des moindres carrés sont, pour trois inconnues (n° 94),

$$(a) \qquad y_a = au_a + bv_a + cw_a,$$
$$(b) \qquad y_b = au_b + bv_b + cw_b,$$
$$(c) \qquad y_c = au_c + bv_c + cw_c;$$

où le symbole y_a, par exemple, représente la somme

$$y_1 u_1 + y_2 u_2 + \ldots + y_n u_n$$

quand on suppose, bien entendu, que toutes les observations ont la même précision.

Résolution. — Je tire a de la première des équations résultantes et je porte la valeur obtenue dans les deux autres équations J'obtiens

$$(a)_1 \qquad a = \frac{y_a}{u_a} - b\frac{v_a}{u_a} - c\frac{w_a}{u_a},$$

$$(b)_1 \qquad y_b = \left(\frac{y_a}{u_a} - b\frac{v_a}{u_a} - c\frac{w_a}{u_a}\right)u_b + bv_b + cw_b,$$

$$(c)_1 \qquad y_c = \left(\frac{y_a}{u_a} - b\frac{v_a}{u_a} - c\frac{w_a}{u_a}\right)u_c + bv_c + cw_c.$$

L'équation $(b)_1$ s'écrit, en ordonnant par rapport aux inconnues b et c,

$$(b)'_1 \qquad y_b - \frac{y_a}{u_a}u_b = b\left(v_b - \frac{v_a}{u_a}u_b\right) + c\left(w_b - \frac{w_a}{u_a}u_b\right).$$

Or, je remarque que le premier membre $y_b - \frac{y_a}{u_a}u_b$ de l'équation $(b)'_1$ représente la différence

$$\begin{aligned}&(y_1 v_1 + y_2 v_2 + \ldots) - \frac{y_a}{u_a}(u_1 v_1 + u_2 v_2 + \ldots)\\ &= \left(y_1 - \frac{y_a}{u_a} u_1\right) v_1 + \left(y_2 - \frac{y_a}{u_a} u_2\right) v_2 + \ldots.\end{aligned}$$

Dans le second membre, les multiplicateurs de $v_1, v_2, \ldots,$ sont des différences que je désigne par $\Delta y_1, \Delta y_2, \ldots$. De même que j'ai désigné par y_b la résultante $y_1 v_1 + y_2 v_2 + \ldots,$ je désignerai par Δy_b la résultante $\Delta y_1 v_1 + \Delta y_2 v_2 + \ldots,$ c'est-à-dire, en somme, le premier membre de l'équation $(b)'_1$. En adoptant une notation analogue pour les deux binomes du second membre, et en opérant de la même façon pour l'équation $(c)_1$ on obtient, pour ces deux équations, l'écriture

$$(b)'_1 \qquad \Delta y_b = b\,\Delta v_b + c\,\Delta w_b,$$

$$(c)'_1 \qquad \Delta y_c = b\,\Delta v_c + c\,\Delta w_c.$$

Je tire b de l'équation $(b)'_1$ et je porte la valeur obtenue dans l'équation $(c)'_1$. J'obtiens, de la même manière que dans la première substitution,

$$(b)_2 \qquad b = \frac{\Delta y_b}{\Delta v_b} - c\,\frac{\Delta w_b}{\Delta v_b},$$

$$(c)_2 \qquad \Delta^2 y_c = c\,\Delta^2 w_c.$$

La notation, dans l'équation $(c)_2$, est conforme à celle de $(c)'_1$; $\Delta^2 y$, par exemple, désigne la différence $\Delta y - \frac{\Delta y_b}{\Delta v_b}\Delta v$ et $\Delta^2 y_c$ est la résultante, relativement à c, des différences $\Delta^2 y$; $\Delta^2 y_c$ est donc la somme

$$\Delta^2 y_c = \left[\Delta y_1 - \frac{\Delta y_b}{\Delta v_b}\Delta v_1\right] w_1 + \left[\Delta y_2 - \frac{\Delta y_b}{\Delta v_b}\Delta v_2\right] w_2 + \ldots.$$

Les équations $(a)_1$, $(b)_2$, $(c)_2$ fournissent les inconnues. On tire d'abord c de la troisième, on porte dans la précédente qui donne b, puis on porte les deux valeurs trouvées dans la première qui donne a. Les formules des inconnues sont donc, en définitive,

$$(\mathrm{C}) \qquad \left\{\begin{aligned} c &= \frac{\Delta^2 y_c}{\Delta^2 w_c},\\ b &= \frac{\Delta y_b}{\Delta v_b} - c\,\frac{\Delta w_b}{\Delta v_b},\\ a &= \frac{y_a}{u_a} - b\,\frac{v_a}{u_a} - c\,\frac{w_a}{u_a}.\end{aligned}\right.$$

Dans les seconds membres, les nombres y_a, u_a, v_a, w_a ; Δy_b, Δv_b, Δw_b; $\Delta^2 y_c$, $\Delta^2 w_c$, sont connus par une suite de calculs de résultantes et de différences, comme je viens de l'expliquer.

Calcul des différences. — Les différences sont exécutées dans l'ordre suivant :

$$
(\mathrm{D})\quad \left\{
\begin{array}{l|l|l}
\Delta y = y - \dfrac{y_a}{u_a} u & & \\[2ex]
\Delta v = v - \dfrac{v_a}{u_a} u & \Delta^2 y = \Delta y - \dfrac{\Delta y_b}{\Delta v_b} \Delta v & \\[2ex]
\Delta w = w - \dfrac{w_a}{u_a} u & \Delta^2 w = \Delta w - \dfrac{\Delta w_b}{\Delta v_b} \Delta v & \Delta^3 y = \Delta^2 y - \dfrac{\Delta^2 y_c}{\Delta^2 w_c} \Delta^2 w.
\end{array}
\right.
$$

Si dans la dernière de ces formules des différences, on remplace les symboles qui y figurent par les valeurs déduites des précédentes, on constate sans peine que l'expression de $\Delta^3 y$ a pour valeur équivalente

$$\Delta^3 y = y - au - bv - cw.$$

En d'autres termes, $\Delta^3 y_1$, $\Delta^3 y_2$, ... sont précisément les écarts entre l'observation et la loi théorique. Ainsi, la méthode des différences qui sert à calculer les inconnues, donne en même temps les écarts qu'il faut toujours calculer pour s'assurer s'ils suivent bien la loi de Bernoulli.

Vérifications. — La méthode comporte un ensemble de vérifications qui empêchent de laisser passer des erreurs numériques. Les voici :

X représentant une quelconque des variables y, u, v, w, on a

$$
(\mathrm{V})\quad \left\{
\begin{array}{l|l|l|l|l|l}
\left[\dfrac{X_a}{u_a} u\right]_a = X_a & \Delta X_a = 0 & \left[\dfrac{\Delta X_b}{\Delta v_b} \Delta v\right]_a = 0 & \Delta^2 X_a = 0 & \left[\dfrac{\Delta^2 X_c}{\Delta^2 w_c} \Delta^2 w\right]_a = 0 & \Delta^3 X_a = 0, \\[2ex]
 & & \left[\dfrac{\Delta X_b}{\Delta v_b} \Delta v\right]_b = \Delta X_b & \Delta^2 X_b = 0 & \left[\dfrac{\Delta^2 X_c}{\Delta^2 w_c} \Delta^2 w\right]_b = 0 & \Delta^3 X_b = 0, \\[2ex]
 & & & & \left[\dfrac{\Delta^2 X_c}{\Delta^2 w_c} \Delta^2 w\right]_c = \Delta^2 X_c & \Delta^3 X_c = 0.
\end{array}
\right.
$$

La vérification de ces identités est intuitive; il suffit, pour en reconnaître l'exactitude, de se rappeler la signification des symboles.

Erreurs probables. — Les écarts entre les nombres observés y et les nombres calculés $au + bv + cw$ par la formule d'ajustement ont pour valeurs les dernières différences formées $\Delta^3 y$. L'erreur probable de la série de n observations à p inconnues a pour expression, comme on sait (n° 95),

$$\varepsilon = \sqrt{\frac{\eta_1^2 + \eta_2^2 + \ldots + \eta_n^2}{n-p}}.$$

En appliquant cette formule à notre cas ($\eta = \Delta^3 y$ et $p = 3$), j'obtiens

$$(\varepsilon) \qquad \varepsilon = \sqrt{\frac{\Delta^3 y_1 + \Delta^3 y_2 + \ldots + \Delta^3 y_n}{n-3}}.$$

Quant aux erreurs probables qui en résultent sur les valeurs des inconnues c, b, a, leurs carrés ont pour expressions respectivement

$$(\mathrm{E}) \qquad \begin{cases} \gamma^2 = \dfrac{\varepsilon^2}{\Delta^2 w_c}, \\ \beta^2 = \dfrac{\varepsilon^2}{\Delta v_b} + \gamma^2 \left(\dfrac{\Delta w_b}{\Delta v_b}\right)^2, \\ \alpha^2 = \dfrac{\varepsilon^2}{u_a} + \beta^2 \left(\dfrac{v_a}{u_a}\right)^2 + \gamma^2 \left(\dfrac{w_a}{u_a}\right)^2. \end{cases}$$

Qu'on remplace les différences Δ par leurs expressions (D), les formules (E) reproduisent celles de Gauss (n° 97).

Plutôt que d'établir ici les formules (E), valables seulement pour le cas actuel de la précision uniforme, je préfère les considérer comme cas particulier des formules que nous allons établir pour le cas général de la précision variable.

Comme application des formules du n° 104, le lecteur peut reprendre l'exemple du pendule géodésique. Il retrouvera les résultats du n° 96.

105. Extension au cas de la précision variable. — Je suppose que chacune des n valeurs observées pour y soit la moyenne de plusieurs mesures, de façon qu'on connaisse l'erreur probable ε et par suite le poids $h = \frac{1}{\varepsilon^2}$ de chacune d'elles. La solution de Gauss, conforme au calcul des probabilités, donne les trois équations résultantes (n° 99). Elles s'écrivent encore, comme dans le cas précédent,

$$(a) \qquad y_a = au_a + bv_a + cw_a,$$

$$(b) \qquad y_b = au_b + bv_b + cw_b,$$

$$(c) \qquad y_c = au_c + bv_c + cw_c.$$

Les mêmes transformations s'y appliquent et par suite aussi les formules définitives. La seule différence c'est que si l'on envisage l'une des variables y, u, v, w ou toute autre fonction de ces variables que je désigne par X, la valeur résultante X_a représentera, non plus

$$u_1 X_1 + u_2 X_2 + \ldots + u_n X_n,$$

mais bien

$$h_1 u_1 X_1 + h_2 u_2 X_2 + \ldots + h_n u_n X_n.$$

La même observation s'applique naturellement aux valeurs résultantes X_b et X_c.

Le seul point sur lequel il nous reste à revenir est donc celui des erreurs probables sur les valeurs conclues pour les coefficients a, b, c de la formule d'ajustement

$$y = au + bv + cw.$$

Dans ce but, nous établirons deux théorèmes assez curieux relatifs à la méthode des différences ici exposée.

106. **Théorème.** — *On peut, sans changer la valeur de la différence $\Delta^p X$, intervertir l'ordre des lettres par rapport auxquelles sont prises les différences.*

Pour indiquer par la notation l'ordre de ces différences, je pose, X désignant une variable quelconque,

$$(1) \qquad X - \frac{X_a}{u_a} u = \Delta_a X, \qquad X - \frac{X_b}{v_b} v = \Delta_b X;$$

$$(2) \qquad \Delta_a X - \frac{[\Delta_a X]_b}{[\Delta_a v]_b} \Delta_a v = \Delta_b(\Delta_a X) = \Delta^2_{ab} X.$$

Je calcule $\Delta^2_{ab} X$ afin de vérifier que cette expression est symétrique par rapport à u et v, a et b.

On a, d'après les notations,

$$(3) \qquad \Delta_a X = X - \frac{X_a}{u_a} u,$$

et par suite

$$(4) \qquad [\Delta_a X]_b = X_b - \frac{X_a}{u_a} u_b = \frac{1}{u_a} [u_a X_b - X_a u_b].$$

On a de même, en remplaçant X par v,

$$\Delta_a v = v - \frac{v_a}{u_a} u,$$
$$[\Delta_a v]_b = \frac{1}{u_a}(u_a v_b - v_a u_b).$$

Portant ces valeurs dans l'expression de $\Delta^2_{ab}X$, j'obtiens

$$\Delta^2_{ab}X = X - \frac{X_a}{u_a} u - \frac{u_a X_b - X_a u_b}{u_a v_b - v_a u_b}\left(v - \frac{v_a}{u_a} u\right).$$

Le coefficient du terme en u dans cette expression est

$$-\frac{X_a}{u_a} + \frac{u_a X_b - X_a u_b}{u_a v_b - v_a u_b} \times \frac{v_a}{u_a} = \frac{v_a X_b - v_b X_a}{u_a v_b - v_a u_b}.$$

J'obtiens ainsi

$$\Delta^2_{ab}X = X + \frac{v_a X_b - v_b X_a}{u_a v_b - v_a u_b} u + \frac{u_b X_a - u_a X_b}{u_a v_b - v_a u_b} v.$$

Cette expression est bien symétrique par rapport à u et v, a et b et l'on a l'identité symbolique

(5) $$\Delta^2_{ab} = \Delta^2_{ba}.$$

Il en résulte plus généralement que la différence $\Delta^p_{abc\ldots l}$ est indépendante de l'ordre des indices.

107. Théorème. — *On a*

$$\Sigma h.\Delta^p X.\Delta^p Y = \Sigma h.X.\Delta^p Y = \Sigma h.Y.\Delta^p X.$$

Les signes Σ indiquent des sommes. Elles s'étendent aux valeurs de 1 à n qu'il convient de donner aux indices affectant chacun des trois facteurs de ces produits. Ainsi, le premier des trois membres de la double égalité représente

$$h_1.\Delta^p X_1.\Delta^p Y_1 + h_2.\Delta^p X_2.\Delta^p Y_2 + \ldots + h_n.\Delta^p X_n.\Delta^p Y_n.$$

Pour établir le théorème, je considère d'abord les différences du premier ordre. J'ai la suite d'égalités

$$\begin{aligned}\Sigma h\,\Delta_a X\,\Delta_a Y &= \Sigma h\left(X - \frac{X_a}{u_a} u\right)\left(Y - \frac{Y_a}{u_a} u\right)\\ &= \Sigma h X\left(Y - \frac{Y_a}{u_a} u\right) - \frac{X_a}{u_a}\Sigma h u\left(Y - \frac{Y_a}{u_a} u\right)\\ &= \Sigma h X.\Delta_a Y - \frac{X_a}{u_a}\left(Y_a - \frac{Y_a}{u_a} u_a\right)\end{aligned}$$

et, en remarquant que le second terme de cette expression est nul,

$$\Sigma h.\Delta_a X.\Delta_a Y = \Sigma h X.\Delta_a Y.$$

J'obtiens ainsi

$$(6) \qquad \Sigma h.\Delta_a X.\Delta_a Y = \Sigma h X.\Delta_a Y = \Sigma h Y.\Delta_a X.$$

J'étends ensuite cette formule aux différences d'ordre plus élevé.

Je considère par exemple les différences du troisième ordre.

J'ai la suite d'égalités

$$\begin{aligned}
\Sigma h.\Delta^3_{abc} X.\Delta^3_{abc} Y &= \Sigma h.\Delta_c(\Delta^2_{ab} X).\Delta_c(\Delta^2_{ab} Y), && \text{d'après les notations,}\\
&= \Sigma h\, \Delta^2_{ab} X.\Delta_c(\Delta^2_{ab} Y), && \text{d'après l'identité (6),}\\
&= \Sigma h\, \Delta_b(\Delta_a X).\Delta_b(\Delta^2_{ac} Y), && \text{d'après l'identité (5),}\\
&= \Sigma h\, \Delta_a X.\Delta_b(\Delta^2_{ac} Y), && \text{d'après l'identité (6),}\\
&= \Sigma h.\Delta_a X.\Delta_a(\Delta^2_{bc} Y), && \text{d'après l'identité (5).}
\end{aligned}$$

J'applique encore une fois les identités (6) et (5); j'obtiens en définitive la formule

$$\Sigma h\, \Delta^3_{abc} X.\Delta^3_{abc} Y = \Sigma h X.\Delta^3_{abc} Y.$$

De même, le premier membre a aussi pour valeur $\Sigma h Y.\ \Delta^3_{abc} X$.

108. Application des théorèmes au calcul des coefficients résultants. — Le second théorème (nº 107) montre que, pour calculer $\Delta^2 X c$, par exemple, on peut appliquer aux $\Delta^2 X$ les masses $h\Delta^2 \varpi$ au lieu des masses $h\varpi$, ce qui est généralement plus avantageux pour le calcul; car on évite ainsi des termes négatifs qui se présenteraient dans la somme $\Sigma h\, \varpi\, \Delta^2 X$, tandis que tous les termes de la somme $\Sigma h\, \Delta^2 \varpi\, \Delta^2 X$ sont positifs. De plus les coefficients se groupent mieux de façon qu'on peut souvent appliquer un coefficient moyen à la somme de plusieurs $\Delta^2 X$. Enfin ce mode de calcul se rapproche davantage de la méthode de Cauchy ce qui facilite la comparaison des deux méthodes.

109. Application au calcul des erreurs probables. — Voici un artifice basé sur le théorème précédent et par lequel on peut établir intuitivement les formules des erreurs probables sur les résultats. Soit à évaluer l'erreur du terme $\dfrac{\Delta^2 y_c}{\Delta^2 \varpi_c}$.

On a, par l'application du théorème du n° 107,

$$\frac{\Delta^2 y_c}{\Delta^2 w_c} = \frac{\Sigma h . \Delta^2 w . \Delta^2 y}{\Sigma h (\Delta^2 w)^2}.$$

On reconnaît là l'expression de la moyenne des valeurs $\frac{\Delta^2 y}{\Delta^2 w}$ affectées des poids $h(\Delta^2 w)^2$. Le poids de la moyenne est donc

$$\Sigma h (\Delta^2 w)^2 = \Delta^2 w_c,$$

et le carré de son erreur probable est $\frac{1}{\Delta^2 w_c}$.

On en conclut, pour les erreurs probables commises sur les quantités

$$c = \frac{\Delta^2 y_c}{\Delta^2 w_c}, \qquad b = \frac{\Delta y_b}{\Delta v_b} - c\frac{\Delta w_b}{\Delta v_b}, \qquad a = \frac{y_a}{u_a} - b\frac{v_a}{u_a} - c\frac{w_a}{u_a},$$

les formules

$$\gamma^2 = \frac{1}{\Delta^2 w_c}, \qquad \beta^2 = \frac{1}{\Delta v_b} + \gamma^2\left(\frac{\Delta w_b}{\Delta v_b}\right)^2, \qquad \alpha^2 = \frac{1}{u_a} + \beta^2\left(\frac{v_a}{u_a}\right)^2 + \gamma^2\left(\frac{w_a}{u_a}\right)^2.$$

Je viens de traiter le cas où $h = \frac{1}{\varepsilon^2}$ est variable; s'il est constant, il se met en facteur dans l'expression des poids $\Sigma h (\Delta^2 w)^2$ qui devient $\frac{\Sigma(\Delta^2 w)^2}{\varepsilon^2}$ et s'écrit dans ce cas (avec les notations correspondantes) $\frac{\Delta^2 w_c}{\varepsilon^2}$. On trouve ainsi les formules que j'ai données sans démonstration au n° 104.

J'ai partout considéré l'erreur probable, pour me conformer aux usages. On peut aussi bien introduire les erreurs étalons. Cela vaudrait mieux à notre avis.

110. Influence de la substitution de poids approchés aux poids exacts. — Il me reste à calculer la perte de poids dont sont affectés les résultats par la substitution des valeurs approchées aux multiplicateurs exacts. Soient deux déterminations a_1 et a_2 de poids p_1 et p_2. Désignant par M la moyenne proprement dite et par P son poids, on aura

$$(1) \qquad M = \frac{a_1 p_1 + a_2 p_2}{p_1 + p_2}, \qquad P = p_1 + p_2.$$

Si au lieu des poids p_1 et p_2 on emploie pour multiplicateurs $p_1 x_1$ et $p_2 x_2$, on aura une nouvelle moyenne

$$M' = \frac{a_1 p_1 x_1 + a_2 p_2 x_2}{p_1 x_1 + p_2 x_2}.$$

J'évalue le poids P' de cette détermination.

J'ai successivement, le poids étant l'inverse du carré de l'erreur moyenne,

carré de l'erreur moyenne sur a_1 .... $\frac{1}{p_1}$,

» $a_1 p_1 x_1$ .... $\frac{1}{p_1}(p_1 x_1)^2 = p_1 x_1^2$,

» $a_2 p_2 x_2$ .... $\frac{1}{p_2}(p_2 x_2)^2 = p_2 x_2^2$,

» $a_1 p_1 x_1 + a_2 p_2 x_2$ ... $p_1 x_1^2 + p_2 x_2^2$,

» $\frac{a_1 p_1 x_1 + a_2 p_2 x_2}{p_1 x_1 + p_2 x_2}$ ... $\frac{p_1 x_1^2 + p_2 x_2^2}{(p_1 x_1 + p_2 x_2)^2}$.

J'obtiens pour la nouvelle moyenne les formules

$$(2) \qquad M' = \frac{a_1 p_1 x_1 + a_2 p_2 x_2}{p_1 x_1 + p_2 x_2}, \qquad P' = \frac{(p_1 x_1 + p_2 x_2)^2}{p_1 x_1^2 + p_2 x_2^2} = f(x_1, x_2).$$

Elles reproduisent les formules (1) quand on y remplace les x par l'unité. Je calcule l'accroissement $\Delta P = \Delta f\,(x_1, x_2)$ obtenu en augmentant de dx_1 et dx_2 ces valeurs égales à l'unité. J'écris, en bornant l'approximation au second ordre

$$\Delta P = df + \frac{d^2 f}{2}.$$

Je pose

$$f(x_1, x_2) = \frac{X}{Y}, \qquad X = (p_1 x_1 + p_2 x_2)^2, \qquad Y = p_1 x_1^2 + p_2 x_2^2;$$

j'obtiens successivement

$$\begin{aligned}
df &= dX.Y^{-1} + X.dY^{-1},\\
d^2 f &= d^2X.Y^{-1} + 2\,dX.dY^{-1} + X.d^2Y^{-1},\\
dX &= 2(p_1 x_1 + p_2 x_2)(p_1\,dx_1 + p_2\,dx_2),\\
d^2X &= 2(p_1\,dx_1 + p_2\,dx_2)^2,\\
dY^{-1} &= -2(p_1 x_1^2 + p_2 x_2^2)^{-2}(p_1 x_1\,dx_1 + p_2 x_2\,dx_2),\\
d^2Y^{-1} &= 4(p_1 x_1^2 + p_2 x_2^2)^{-3}(p_1 x_1\,dx_1 + p_2 x_2\,dx_2)^2\\
&\quad - 2(p_1 x_1^2 + p_2 x_2^2)^{-2}(p_1\,dx_1^2 + p_2\,dx_2^2).
\end{aligned}$$

Faisant $x_1 = x_2 = 1$ et remplaçant $p_1 + p_2$ par P, j'obtiens

$$\begin{aligned} X &= P^2, \\ Y &= P, \\ dX &= 2P(p_1\,dx_1 + p_2\,dx_2), \\ dY^{-1} &= -2P^{-2}(p_1\,dx_1 + p_2\,dx_2), \\ d^2X &= 2(p_1\,dx_1 + p_2\,dx_2)^2, \\ d^2Y^{-1} &= 4P^{-3}(p_1\,dx_1 + p_2\,dx_2)^2 - 2P^{-2}(p_1\,dx_1^2 + p_2\,dx_2^2), \end{aligned}$$

et, en portant ces valeurs dans les expressions de df et de d^2f,

$$\begin{aligned} df &= 2P(p_1\,dx_1 + p_2\,dx_2) \times P^{-1} - P^2 \times 2P^{-2}(p_1\,dx_1 + p_2\,dx_2), \\ d^2f &= 2(p_1\,dx_1 + p_2\,dx_2)^2 . P^{-1} \\ &\quad - 2 \times 2P(p_1\,dx_1 + p_2\,dx_2) \times 2P^{-2}(p_1\,dx_1 + p_2\,dx_2) \\ &\quad + P^2[4P^{-3}(p_1\,dx_1 + p_2\,dx_2)^2 - 2P^{-2}(p_1\,dx_1^2 + p_2\,dx_2^2)]. \end{aligned}$$

J'obtiens en définitive

$$df = 0, \qquad \frac{1}{2}d^2f = -\frac{(p_1\,dx_1 + p_2\,dx_2)^2}{P} - (p_1\,dx_1^2 + p_2\,dx_2^2).$$

Par ces formules, on vérifie bien que la moyenne M a le poids maximum; de plus on en déduit, pour la perte relative de ce poids,

$$(3) \qquad -\frac{\Delta P}{P} = \left(\frac{p_1\,dx_1 + p_2\,dx_2}{P}\right)^2 + \frac{p_1\,dx_1^2 + p_2\,dx_2^2}{P}.$$

De plus, dans l'évaluation approchée du poids, on remplace ce poids $P = p_1 + p_2$ par une valeur erronée justement de

$$p_1\,dx_1 + p_2\,dx_2.$$

L'erreur relative de cette évaluation est

$$(4) \qquad \frac{p_1\,dx_1 + p_2\,dx_2}{P}.$$

Il importe en première ligne que cette erreur ne dépasse pas la limite qu'on s'impose pour l'évaluation du poids, par exemple $\frac{1}{20}$. Un coup d'œil suffit pour réaliser cette condition. Dès lors, les termes de la formule (3) sont négligeables devant le terme (4) et l'on sera certain que l'inexactitude du calcul n'entraîne pas sur le poids même du résultat ni sur son évaluation une erreur relative égale à $\frac{1}{20}$. Ces erreurs sont bien inférieures, comme je l'ai expliqué, à l'erreur imposée par la nature même de la question.

Pour simplifier, j'ai considéré seulement la moyenne de deux déterminations ; mais quel que soit leur nombre, la démonstration subsiste. Dans tous les cas, le problème général de l'interpolation se ramène par les précédentes formules à des questions de moyennes.

CHAPITRE IV.

LES LIMITES DU CALCUL DES PROBABILITÉS ET LES ABUS QU'ON EN A FAITS.

§ 1. — PROBABILITÉS MAL DÉFINIES.

111. La pente glissante de l'erreur. — J'ai dit au n° 3 que toute la difficulté de la théorie des probabilités est dans la définition des événements également possibles ; j'en ai expliqué la raison au n° 4. Cette difficulté domine la théorie des probabilités des décisions judiciaires dont je dirai quelques mots (n°s 108 et suivants). Je n'aurais rien à ajouter sur ce point si les mathématiciens ne s'étaient pas avisés d'appliquer la théorie des probabilités à certains problèmes de géométrie. Il semble que la géométrie soit bien le domaine le plus favorable à la rigueur de la théorie à cause de la perfection des objets qu'elle envisage. Et en effet, imaginons pour le jeu, non plus un dé matériellement réalisé avec les défectuosités que comportent nos procédés de construction, mais un dé théorique, un cube parfait et parfaitement homogène. L'égale possibilité des six faces sera cette fois non plus approchée, mais rigoureuse, puisqu'elle est réalisée par définition.

Aucune erreur ici n'est plus à craindre parce que la géométrie n'est intervenue que pour perfectionner par l'abstraction les données d'un problème pratique clairement défini. Mais l'imagination des mathématiciens a créé de toutes pièces des problèmes de *probabilité géométrique,* problèmes abstraits et dont la réalisation pratique est mal définie. L'erreur ici devient facile.

Je m'expliquerai sur trois exemples : le problème du *tourniquet* des foires (n° 113), celui de l'*aiguille de Buffon* (n° 115) et le *paradoxe de Bertrand* (n° 117). Le premier problème est bien posé, parce que les conditions de l'épreuve sont bien définies. Si l'on omet de préciser ces conditions, la question est mal posée. C'est le cas de l'énoncé suivant du problème imaginé par Buffon :

« On jette une aiguille sur une table sur laquelle on a tracé des droites parallèles et équidistantes. Quelle est la probabilité que l'aiguille rencontre l'une des parallèles ? »

Buffon a calculé le résultat et celui-ci a été vérifié par les expériences d'un astronome de Zurich. Pourtant le problème est mal posé : l'énoncé est trop vague, au sujet des circonstances de l'épreuve, pour qu'on sache quels sont les cas également possibles. Dans ces conditions, le problème ne peut pas être résolu, si l'on ne complète pas l'énoncé par des renseignements supplémentaires relativement à l'exécution de l'épreuve.

Que les conditions de l'épreuve soient ou non suffisamment précisées par les énoncés des deux problèmes dont je viens de parler, elles sont du moins évoquées par le caractère pratique de l'épreuve. Ce dernier avantage disparaît dans les problèmes de probabilité géométrique, abstraits comme celui de Bertrand que nous traiterons au n° 117. L'énoncé, privé de signification précise, conduit au paradoxe.

Dans l'étude du *problème du tourniquet*, j'utiliserai, pour représenter la loi de Bernoulli, une nouvelle disposition du graphique que je vais d'abord expliquer.

112. Changement d'origine dans la courbe des probabilités. — Pour fixer les idées sur un exemple concret avec lequel nous sommes déjà familiarisés par notre étude antérieure, j'envisage la taille des conscrits. Si l'on tient compte du sens de l'écart d'une taille déterminée avec la moyenne, on obtient, pour la probabilité des écarts réduits, la courbe dont nous avons fait usage aux n°s 77 et 78. C'est la première courbe L″*c*L′ de la figure 14.

La classification des tailles est ainsi rapportée à la taille moyenne qui correspond au point *c*, lequel sert d'*origine* à la courbe. On peut prendre une autre origine de comparaison, par exemple le point O qui correspond à une taille nulle. Il se trouve fort à gauche, en dehors des limites du dessin. La courbe des probabilités des tailles prend alors l'aspect de la deuxième courbe L*c*L′, comme je vais l'expliquer.

Envisageons d'abord les petites tailles. Sur la première courbe $L''cL'$, la longueur ep mesure la fréquence à prévoir pour les tailles comprises entre celles qui sont représentées par les points c et e; le complément à 0,5, c'est-à-dire pE_1, mesure donc la fréquence des tailles inférieures à celle qui correspond au point e; sur la deuxième courbe LcL', cette fréquence est représentée par le segmen

$$EP = pE_1.$$

La fréquence des tailles inférieures à la moyenne OC est

$$Cc = cH_1 = 0,5.$$

Passons aux grandes tailles. Sur la première courbe $L''cL'$, la

Fig. 14.

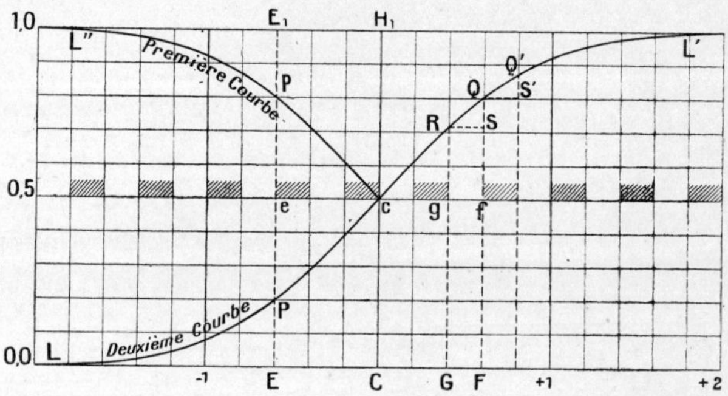

longueur fQ mesure la fréquence des tailles comprises entre c et f. Or la fréquence des tailles inférieures à la moyenne représentée par le point c est $cH_1 = 0,5$. Donc la fréquence des tailles inférieures à f est mesurée par $cH_1 + fQ$. Sur la deuxième courbe LcL', cette fréquence est représentée par le segment

$$FQ = cH_1 + fQ.$$

Ainsi, la deuxième courbe peut bien remplacer la première courbe pour représenter les probabilités des diverses tailles. Les explications que je viens de donner sur un exemple particulier sont évidemment générales.

113. Problème du tourniquet. — Chacun connaît le tourniquet des foires. L'épreuve du sort se fait en lançant une aiguille qui pivote autour du centre d'un disque divisé. La division marquée par l'aiguille à l'arrêt est gagnante. C'est, dans d'autres appareils, le disque qui tourne devant un index fixe; le mécanisme est changé, mais le problème de probabilité reste le même.

L'aiguille, je le suppose, est lancée avec force de façon à faire plusieurs tours et elle est lancée toujours par la même personne qui s'applique à opérer toujours de même. Les points d'arrêt se groupent autour de la position moyenne, représentée par le point c de la figure 14. Ils se groupent autour de ce point suivant la loi des écarts de Bernoulli représentée par la deuxième courbe de la figure. L'épreuve est supposée assez peu précise pour que la courbe des écarts embrasse, dans sa partie pratiquement utile, un grand nombre de divisions du disque.

Je suppose que les divisions paires sont peintes en blanc; les divisions impaires en noir.

On demande la probabilité que l'aiguille s'arrête sur une division de rang pair, sur une division blanche.

La fréquence probable des arrêts de l'aiguille devant la division gf, que je suppose blanche, est l'excès de la fréquence des arrêts à gauche de f sur la fréquence des arrêts à gauche de g. C'est donc

$$FQ - GR = SQ.$$

De même, dans la division suivante qui est impaire ou noire, la fréquence des arrêts est mesurée par $S'Q'$. La fréquence des sorties blanches sera mesurée par la somme des échelons pairs SQ; la fréquence des noires, par la somme des échelons de rang impair $S'Q'$. Il suffit de considérer la figure pour voir que ces deux sommes sont sensiblement égales. Leur total étant 1, chacune des deux sommes a pour valeur un nombre très voisin de $\frac{1}{2}$, d'autant plus voisin de $\frac{1}{2}$ que les divisions du tourniquet sont plus nombreuses.

Ainsi, dans le jeu du tourniquet, la probabilité de la blanche est à peu près 0,5; la probabilité de la noire, à peu près 0,5, pourvu que les conditions du jeu soient bien celles que nous avons précisées dans l'énoncé du problème.

114. Problèmes mal posés. — Aucun calcul n'a été nécessaire à notre conclusion sur le nombre approché $\frac{1}{2}$. L'intuition venue de la figure a suffi. Pourvu que la figure conserve les mêmes propriétés générales, on peut changer la courbe de Bernoulli en une autre, la solution intuitive approchée subsiste. Mais est-il permis de supprimer de l'énoncé la condition relative à la loi de Bernoulli, sans la remplacer par aucune autre? Non, car le problème est alors mal posé. *Il serait impossible de faire le calcul exact de la probabilité demandée.* La probabilité cherchée change avec la loi de probabilité adoptée, avec le mode de graduation du disque. Elle change généralement assez peu et des cas en nombre infini, appartenant à un groupe très étendu, très général, donnent, il est vrai, des résultats très voisins de $\frac{1}{2}$; mais, réellement, les résultats diffèrent entre eux. En outre, on peut combiner des cas où la probabilité diffère beaucoup de $\frac{1}{2}$. Ainsi, aucune atténuation à la faute de l'énoncé ne peut être cherchée dans les circonstances signalées ici qui donnent à la probabilité une valeur généralement voisine de $\frac{1}{2}$. *Le problème est mal posé si l'on supprime, dans l'énoncé du n° 113, la donnée précise de la courbe des écarts et ses relations avec les divisions du disque.*

C'est une faute de ce genre qui est commise dans l'énoncé du problème de l'aiguille de Buffon.

115. **Problème de l'aiguille de Buffon** (¹). — *On jette une aiguille sur une table où l'on a tracé des parallèles équidistantes. Quelle est la probabilité que l'aiguille rencontre l'une des parallèles* (*fig.* 15)?

Fig. 15.

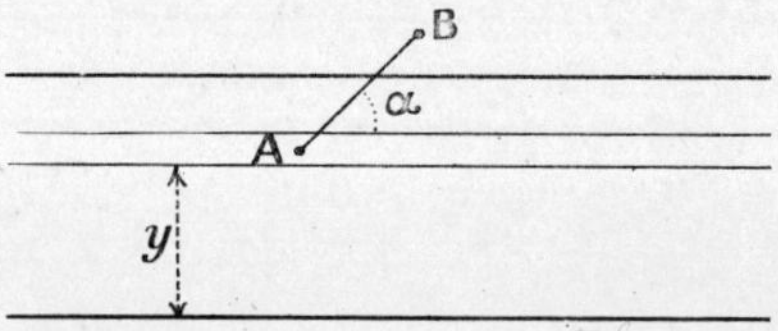

Pour simplifier le langage, j'appelle *horizontales* les parallèles aux traits de la table, les lignes perpendiculaires étant appelées *verticales*.

(¹) De Montessus, *Calcul des probabilités*, Paris, 1908, p. 108.

Soient λ l'écartement des traits, l la longueur de l'aiguille. Je *suppose* la longueur l inférieure à λ.

L'extrémité *inférieure* de l'aiguille a autant de chances de tomber dans une bande que dans une autre. Elle tombe dans l'une d'elles. Quelle est la probabilité que l'aiguille coupe le trait supérieur de la bande?

Divisons celle-ci en bandes infinitésimales. La probabilité que l'extrémité inférieure soit comprise dans le compartiment où elle tombe, entre les ordonnées y et $y + dy$, est $\frac{dy}{\lambda}$. Soit A le point où elle tombe; divisons le plan autour de A en secteurs infinitésimaux; la probabilité que l'aiguille AB prenne un azimut compris entre α et $\alpha + d\alpha$ sera $\frac{d\alpha}{\pi}$ puisque, B étant au-dessus de A, α ne peut varier que de o à π; la probabilité de chute dans ces conditions simultanées sera

$$\frac{dy}{\lambda}\,\frac{d\alpha}{\pi}.$$

D'autre part, la condition de rencontre est

$$\lambda - y < l \sin\alpha.$$

Les bases sont posées. Il ne reste qu'à faire le total des chances favorables à la rencontre du trait supérieur.

Pour cela, le *calcul intégral* est nécessaire. Il donne pour la probabilité cherchée

$$\mathrm{P} = \int_0^{\pi} \frac{d\alpha}{\pi} \int_{\lambda - l\sin\alpha}^{\lambda} \frac{dy}{\lambda} = \frac{2l}{\pi\lambda}.$$

Si l'on admet, comme nous l'avons dit au début, que l'extrémité inférieure de l'aiguille a autant de chances de tomber dans une bande que dans une autre, P est la probabilité que l'aiguille rencontre un quelconque des traits de la table.

Un astronome de Zurich a voulu vérifier expérimentalement le résultat précédent, en prenant $\lambda = 45^{\mathrm{mm}}$, $l = 36^{\mathrm{mm}}$, ce qui correspond à

$$\mathrm{P} = 0{,}5093.$$

Il fit 5000 expériences : l'aiguille rencontra les traits 2532 fois, ce qui conduit à la fréquence

$$\varphi = 0,5064.$$

Le faible écart entre P et φ peut être regardé comme une vérification du théorème de Bernoulli.

116. Critique du problème de Buffon. — Comme nous l'avons annoncé au n° 111, et comme nous venons de le voir, le problème de Buffon a été résolu et la solution vérifiée par l'expérience. Pourtant il est mal posé. L'énoncé ne dit rien sur l'écartement des traits, les dimensions de l'aiguille, la manière de la lancer, la loi des écarts de cette épreuve.

Or ces conditions sont essentielles, comme dans le jeu du tourniquet. Que les traits les plus voisins du plancher soient hors de la portée du jet du joueur, sa probabilité de gagner sera zéro.

Si l'on a donné une solution, c'est qu'on a fait des hypothèses pour suppléer au défaut de l'énoncé. Les hypothèses, les voici :

1° L'extrémité inférieure de l'aiguille a la même probabilité d'atteindre deux bandes quelconques de la division imaginée.

2° La direction de l'aiguille a la même probabilité de tomber dans les divisions égales de la rose des vents.

Ces conditions ont-elles été réalisées par l'expérience? La chose mériterait d'être discutée.

Quoi qu'il en soit de la réalité plus ou moins approchée des deux hypothèses qu'il a fallu faire, l'énoncé avait le devoir de les fournir, faute de quoi le problème ne peut être résolu. Le problème a été mal posé. Aucune atténuation n'est possible au blâme que mérite l'énoncé.

117. Paradoxe de Bertrand (1). — On trace *au hasard* une corde dans un cercle. Quelle est la probabilité qu'elle soit plus petite que le côté du triangle équilatéral inscrit ?

1° *On peut dire :* si l'une des extrémités de la corde est connue, ce renseignement ne change pas la probabilité; la symétrie du cercle ne permet d'y attacher aucune influence, favorable ou défavorable à l'arrivée de l'événement demandé.

---

(1) BERTRAND, *Calcul des probabilités*, Paris, 1889, pages 4 et 5.

L'une des extrémités de la corde étant connue, la direction doit être réglée par le hasard. Si l'on trace les deux côtés du triangle équilatéral ayant pour sommet le point donné, ils forment entre eux et avec la tangente trois angles de 60° et les chances sont les mêmes, pour ces trois angles, de recevoir la corde. Celle-ci, pour être plus grande que le côté du triangle équilatéral, doit se trouver dans l'angle du triangle. La probabilité pour que le hasard l'y place effectivement est égale à $\frac{1}{3}$.

2° *On peut dire aussi :* si l'on connaît la direction de la corde, ce renseignement ne change pas la probabilité. La symétrie du cercle ne permet d'y attacher aucune influence, favorable ou défavorable à l'arrivée de l'événement demandé.

La direction de la corde étant donnée, elle doit, pour être plus grande que le côté du triangle équilatéral, couper le diamètre perpendicluaire en un point plus voisin du centre que de la circonférence. La probabilité qu'il en soit ainsi est égale à $\frac{1}{2}$.

3° *On peut dire encore :* choisir une corde au hasard, c'est en choisir au hasard le point milieu. Pour que la corde soit plus grande que le côté du triangle équilatéral, il faut et il suffit que le point milieu soit à une distance du centre plus petite que la moitié du rayon, c'est-à-dire à l'intérieur d'un cercle *quatre fois plus petit en surface.* Le nombre des points situés dans l'intérieur d'une surface quatre fois moindre est quatre fois moindre. La probabilité que la corde dont le milieu est choisi au hasard soit plus grande que le côté du triangle équilatéral est égale à $\frac{1}{4}$.

Entre ces trois réponses, quelle est la véritable? Aucune des trois n'est fausse, aucune n'est exacte, la question est mal posée.

Pourquoi? Parce que l'énoncé ne précise pas le mécanisme par lequel on place la corde du cercle. Bertrand a précisé en imaginant trois mécanismes différents et en attribuant à leurs effets des probabilités suggérées seulement par la géométrie, mais d'ailleurs nullement justifiées. Ayant ainsi posé trois problèmes différents, il a obtenu trois solutions différentes. La chose est toute naturelle.

118. **Probabilités des décisions judiciaires** (1). — L'assimilation la plus téméraire d'un tirage au sort aux effets de causes inconnues et variables a été proposée par Condorcet.

(1) BERTRAND, *Calcul des probabilités*, Paris, 1889, p. 319.

Ses successeurs, tout en le louant d'avoir porté le flambeau de la Science dans ces mystérieuses questions, ont reconnu l'insuffisance de ses formules : ils n'en ont pas proposé de meilleures.

Laplace a rejeté les résultats de Condorcet, Poisson n'a pas accepté ceux de Laplace ; ni l'un ni l'autre n'a pu soumettre au calcul ce qui y échappe essentiellement : les chances d'erreur d'un esprit plus ou moins éclairé devant des faits mal connus et des droits imparfaitement définis.

119. Théorie de Condorcet (1). — Tout se passe, suivant Condorcet, comme si l'opinion de chaque juge était tirée au sort dans une urne de composition déterminée en boules blanches et noires. Si la boule est blanche, la décision est juste. Le juge se trompera s'il tire une boule noire. La composition de l'urne répond à la qualité du juge : plus elle contient de blanches, plus le juge est éclairé. Condorcet, pour simplifier, suppose les juges également perspicaces : ils puisent leurs décisions dans la même urne. Celle-ci contient les boules blanches en majorité. En douter serait faire injure à la magistrature. La probabilité p d'un suffrage équitable sera plus grande que $\frac{1}{2}$. Si l'on prend dans chaque procès un nombre de juges suffisamment grand, la fréquence des suffrages équitables sera voisine de p ; la majorité sera pour la justice.

Par contre, une assemblée nombreuse dont chaque membre se trompe plus d'une fois sur deux se prononcera certainement contre la vérité. Condorcet ne va pas jusqu'à proposer ce moyen de la reconnaître.

120. Difficulté fondamentale de la théorie. — La difficulté est de déterminer la probabilité p qu'un juge a de se prononcer suivant le bon droit, parce qu'un tel nombre n'a pas d'existence déterminée : Elle est variable avec le juge, la cause, les avocats qui la plaident, avec l'opinion publique, avec les opinions des autres juges. Toutes ces causes sont obscures, comme celles du hasard ; mais elles ne peuvent pas être confondues avec le *hasard équitable* qui disperse les écarts autour de la moyenne suivant la loi de Bernoulli.

(1) BERTRAND, *loc. cit.*

Sans méconnaître ces difficultés, Cournot a proposé une solution statistique (1). Bien qu'inacceptable, elle a du moins le mérite d'attribuer aux magistrats des valeurs inégales. Le tribunal étant composé de trois juges, l'opinion de chacun d'eux serait notée par le greffier après chaque jugement. Avec cette statistique, pourvu qu'elle soit considérable, une formule des probabilités, basée sur la fiction inacceptable de l'urne, permet de calculer la probabilité p qui mesure la perspicacité de chaque juge au moyen du contrôle fourni par les deux autres.

Si l'on admettait cette solution, le juge le mieux noté serait celui qui, sans discuter ni réfléchir, voterait toujours comme son président.

§ 2. — PROBABILITÉ DES CAUSES.

121. La recherche des causes. — Nous avons vu par des exemples (Chap. II) comment la méthode statistique permet de découvrir les causes qui viennent troubler la loi des écarts de Bernoulli. Elle nous a révélé l'influence des embryons sur la masculinité statistique et la fraude dans les tailles des conscrits. Ces deux exemples suffisent. J'en citerai cependant deux autres; ils sont exposés dans le Traité d'Astronomie de Faye (2). Dans le premier on met en évidence l'influence de la flexion des lunettes sur la mesure de la latitude d'un astre. L'autre exemple met en évidence une variation annuelle des distances polaires des étoiles. Dans le second exemple, la cause demeure inconnue. Il faut de nouvelles recherches pour la trouver. Pourquoi? C'est que la méthode statistique est bien apte à signaler l'existence des causes perturbatrices et à en mesurer les effets, elle est muette sur ces causes elles-mêmes.

La détermination des causes n'appartient qu'à la perspicacité, au jugement et au savoir du chercheur. Pour contrôler l'hypothèse qu'il est conduit à faire sur la cause ou, plus généralement, pour savoir si deux grandeurs quelconques sont en relation de causalité

---

(1) Cournot, *Théorie des chances*, Chap. XV, Paris, 1843, p. 351.

(2) Faye, *Cours d'Astronomie*, t. I, Paris, 1881, p. 189.

l'une avec l'autre, la *statistique comparée* fournit des méthodes. Trop jeunes pour trouver place dans les traités classiques, elles ne rentrent d'ailleurs pas jusqu'ici dans le calcul des probabilités proprement dit. Pour leur étude je renvoie aux communications faites à la Société de Statistique de Paris [1], par M. MARCH, directeur de la Statistique générale de la France, sur les *représentations graphiques et la statistique comparative.*

122. Problème de Bayes ou probabilité des causes. — En dépit du rapprochement des mots, la question de philosophie naturelle dont je viens de parler (n° 121) n'a aucun rapport avec le problème de Bayes que l'usage désigne incorrectement par *problème de la probabilité des causes.* Voici un exemple de ce problème :

Pierre a parié d'amener, avec trois dés, un point supérieur à 10. *Il a gagné. Les* CAUSES *du succès peuvent être* 11, 12, ..., ou 18. *Quelle est la probabilité de chacune d'elles ?*

Le mot *cause* n'a pas ici la même signification qu'au n° 121. Il est vraiment détourné de sa signification naturelle. Voici du problème de Bayes un autre exemple où le mot *cause* ne figure pas.

On considère 4 urnes A, B, C, D. Chacune contient 3 boules dont les couleurs sont celles-ci :

A.	B.	C.	D.
3 blanches.	2 blanches, 1 noire.	2 noires, 1 blanche.	3 noires.

On tire au sort, d'abord l'une des 4 urnes, puis une boule dans l'urne sortie. Si la boule est noire, le coup est nul, les blanches seules entrent en compte. Quelle est la probabilité que la blanche soit tirée de A ? Même question pour B, C, D.

Les urnes A, B, C, D sont *également possibles.* Les appeler *causes* serait abuser des mots.

On le voit, le problème de Bayes n'a pas pour but d'étudier les causes des événements. C'est un problème de probabilité ordinaire, d'un type un peu spécial. La particularité réside dans le groupement des éventualités en groupes qu'on appelle abusivement des

---

[1] Novembre 1904 et janvier 1905.

causes et dont on se propose de calculer les probabilités. Pour ce calcul, Bayes a donné une formule que je vais établir.

123. Formule de Bayes. — Reprenons le problème des quatre urnes.

Le tirage d'une blanche	dans	l'urne A	offre	3	cas également possibles
»	»	B	»	2	»
»	»	C	»	1	»
»	»	D	»	0	»

Au total, 6 cas également possibles pour la sortie d'une blanche. Les probabilités d'une blanche pour chacune des 4 urnes sont donc respectivement :

A.	B.	C.	D.
$\frac{3}{6}$	$\frac{2}{6}$	$\frac{1}{6}$	$\frac{0}{6}$

Le problème est ainsi résolu. Mais, pour arriver à la formule de Bayes, il faut compter autrement. Dans l'énumération des chances nous avons, comme il convient, compté seulement les coups où sort une blanche. Comptons aussi les noires : chacune des 4 urnes donne lieu à 3 cas également possibles suivant que c'est la première, la deuxième ou la troisième boule qui sort. Au total, $4 \times 3 = 12$ cas *également possibles*.

A ce total 12, il est loisible de rapporter les quatre nombres précédents, sans changer leurs rapports.

Avec la nouvelle convention, l'énumération des chances devient celle-ci :

Le nombre des cas favorables à A est $\frac{1}{4}$.

Dans l'urne A, le nombre des cas favorables à une blanche est $\frac{3}{3}$.

Au total, le nombre des cas favorables à une blanche sortie de A est

$$\frac{1}{4} \times \frac{3}{3}.$$

En raisonnant de même pour les 3 autres urnes, on obtient les résultats suivants :

	Urnes			
	A.	B.	C.	D.
Nombre des cas favorables à une blanche.	$\frac{1}{4} \times \frac{3}{3}$	$\frac{1}{4} \times \frac{2}{3}$	$\frac{1}{4} \times \frac{1}{3}$	$\frac{1}{4} \times \frac{0}{3}$

Le nombre total des cas favorables à la sortie d'une blanche est

$$\frac{1}{4}\times\frac{3}{3}+\frac{1}{4}\times\frac{2}{3}+\frac{1}{4}\times\frac{1}{3}+\frac{1}{4}\times\frac{0}{3}.$$

Parmi ces sorties de blanches, la probabilité favorable à l'urne A, par exemple, est

$$\frac{\frac{1}{4}\times\frac{3}{3}}{\frac{1}{4}\times\frac{3}{3}+\frac{1}{4}\times\frac{2}{3}+\frac{1}{4}\times\frac{1}{3}+\frac{1}{4}\times\frac{0}{3}}.$$

La méthode est évidemment générale. Le nombre des urnes peut être quelconque, leurs compositions en boules blanches et noires quelconques. Je désigne par $\varpi_1, \varpi_2, \ldots, \varpi_n$, respectivement, les fréquences qui s'y trouvent en boules blanches. La composition ϖ_1, par exemple, au lieu de figurer une seule fois, peut se présenter dans plusieurs urnes à la fois. Je désigne par p_1 la fréquence de la composition ϖ_1 dans la collection des urnes. Par ces complications, les chiffres seuls peuvent se compliquer; le raisonnement et la formule demeurent inchangés. La probabilité P_1 qu'une blanche soit sortie d'une des urnes de composition ϖ_1 est toujours donnée par la formule

$$P_1 = \frac{p_1\varpi_1}{p_1\varpi_1+p_2\varpi_2+\ldots+p_n\varpi_n};$$

c'est la *formule de Bayes*.

124. Enjeux équitables dans le problème de Bayes. — Dans le problème du n° 122, à chacune des urnes A, B, C, D, j'attache un joueur qui parie pour elle. Les mises des joueurs x, y, z, t doivent être calculées en prenant pour base la condition du jeu qui est celle-ci :

Si l'urne A est gagnante, le joueur A, conserve son enjeu x et lève en outre les enjeux de ses adversaires B, C, D. De même pour les autres. L'équité veut qu'au bout d'un grand nombre de parties, les gains de chacun équilibrent ses pertes autant que le permet la loi du hasard.

Or, sur 6 parties, A en gagne 3, il en perd $2+1+0$. Il ramasse donc 3 fois les enjeux $(y+z+t)$ de ses adversaires ; par contre, il perd $2 + 1 + 0$ fois son enjeu x. L'équilibre des gains et des pertes exige donc l'équation

$$(1) \qquad 3(y + z + t) = (2 + 1 + 0)x;$$

on a de même

$$(2) \qquad 2(x + z + t) = (3 + 1 + 0)y,$$

$$(3) \qquad 1(x + y + t) = (3 + 2 + 0)z,$$

$$(4) \qquad 0(x + y + z) = (3 + 2 + 1)t.$$

La dernière équation donne $t = 0$. Le joueur D doit s'abstenir; cela était évident *a priori*, puisque, par la définition même de la règle du jeu, D ne peut jamais gagner.

Les trois premières équations deviennent

$$(1) \qquad 3(y + z) = (2 + 1)x,$$

$$(2) \qquad 2(x + z) = (3 + 1)y,$$

$$(3) \qquad 1(x + y) = (3 + 2)z.$$

Aux deux membres de chacune d'elles, j'ajoute respectivement $3x$, $2y$ et z, puis je résous par rapport à l'inconnue qui est dans le deuxième membre, j'obtiens

$$\frac{x}{3} = \frac{y}{2} = \frac{z}{1} = \frac{(x + y + z)}{3 + 2 + 1}.$$

En résumé, les enjeux équitables sont proportionnels aux probabilités favorables à A, B, C, D.

125. Généralisation. Espérance mathématique. — La démonstration est évidemment générale.

Si p, q, r sont les probabilités favorables aux trois joueurs et x, y, z leurs enjeux, le gain du premier joueur, rapporté au nombre des parties, a pour valeur probable $p(y + z)$. C'est le produit de sa probabilité de gagner par la somme à gagner. On lui donne le nom d'*espérance mathématique*. La perte du même joueur est par contre $(q + r)x$.

La première équation s'écrira en égalant le gain à la perte du premier joueur; on opérera de même pour les autres.

126. Locution trompeuse de probabilité des causes. — Dans le problème de jeu que nous venons de traiter, au lieu d'engager les paris avant toute opération de tirage au sort, on peut les engager après le tirage, pourvu que l'opérateur conserve le secret de l'urne sortie, tant que les paris ne sont pas terminés. Ainsi, on me présente une boule blanche et l'on me demande laquelle des urnes A, B, C, D l'a fournie. Cela peut être A, B, ou C. Qu'elle soit sortie de A, il y a dans ce cas, entre l'urne A et la boule sortie, un lien qui ressemble à celui de causalité. La ressemblance ne va pas jusqu'à l'identité; il est excessif de dire que l'urne A est la cause de la boule sortie. On m'apprend qu'un fleuve d'Espagne a débordé, j'imagine que c'est l'Èbre. Il se trouve que j'ai raison. L'Èbre n'est pourtant pas la cause du débordement, c'est la pluie ou la fonte des neiges.

A tort, le terme *cause* est adopté : le problème de Bayes s'appelle *problème de la probabilité des causes.*

Langage trompeur, car il a conduit à des confusions que je vais indiquer.

127. Fausse application du théorème de Bayes à la probabilité a posteriori. — Une urne contient des boules blanches et noires en nombre N, on ignore dans quelle proportion. Pour l'éprouver, on fait s tirages; on obtient m blanches et $s-m$ noires.

La loi du hasard (nº 7) nous conseille d'adopter la fréquence $\frac{m}{s}$ pour la proportion des boules blanches dans l'urne. La loi de probabilité des écarts (nº 9) nous fait savoir quelle est l'erreur à craindre sur cette évaluation. Une autre solution a été proposée qui a pour principe une confusion entre le problème actuel et celui de Bayes. Le principe faux conduit à une formule fausse. Quoique la solution ait été réfutée par Cournot (1) de la façon la plus concluante, elle n'a pas encore perdu tout crédit. On la trouve, en particulier, dans l'Ouvrage de Poterin du Motel (2).

Le raisonnement est celui-ci :

Sur la composition de l'urne à N boules, on peut faire $N+1$ hypothèses, c'est que le nombre x des blanches est $0, 1, 2 \ldots$ ou N.

(1) COURNOT, *Théorie des chances*, Chap. VIII, Paris, 1843.
(2) POTERIN DU MOTEL, *Théorie des assurances sur la vie*, Paris, 1899.

Chacune des $N+1$ urnes ainsi supposées est une cause C_x. Toutes les urnes étant également possibles, chacune a pour probabilité $p_x = \frac{1}{N+1}$. La probabilité que s tirages faits dans l'urne C_x amènent m blanches et $s-m$ noires a une valeur ϖ_x qu'on sait calculer en fonction de x, de s et de m.

La probabilité de la cause C_x est dès lors, d'après la formule de Bayes,

$$P_x = \frac{p_x \varpi_x}{p_0 \varpi_0 + p_1 \varpi_1 + \ldots + p_n \varpi_n}.$$

On cherche la valeur de x qui rend P_x maximum. Le nombre x trouvé dépend de s et de m. Il définit la composition que l'auteur de la méthode attribue à l'urne.

L'erreur est celle-ci : dans le problème posé, une seule urne existe; elle n'est pas tirée au sort. Dans le problème qui lui est substitué, il y a $N+1$ urnes différentes parmi lesquelles on tire au sort. Les deux problèmes sont différents; on a tort de les confondre.

L'erreur est sans gravité si l'on s'astreint à n'appliquer la formule qu'au cas où le nombre m des épreuves est grand. Le nombre de Bayes tend en effet vers la fréquence $\frac{m}{s}$, quand s croît indéfiniment.

Si l'on considère des nombres petits, la formule de Bayes conduit à des résultats absurdes.

128. Fausse application du théorème de Bayes à une expérience de Buffon (1). — Buffon a jeté une pièce 4040 fois et obtenu 2048 fois face. La fréquence de face est $\frac{2048}{4040}$, tandis que la probabilité est $\frac{1}{2}$; l'écart brut a donc pour valeur

$$x = \frac{2048}{4040} - \frac{1}{2} = \frac{28}{4040} = 0{,}00693.$$

D'autre part, l'écart étalon $e = \sqrt{\frac{2p(1-p)}{n}}$ est ici

$$e = \sqrt{\frac{1}{2 \times 4040}} = 0{,}01113.$$

(1) BERTRAND, *Calcul des probabilités*, Paris, 1889, p. 157.

Il en résulte pour l'écart réduit la valeur

$$t = \frac{x}{e} = 0,62.$$

La probabilité P d'un écart inférieur à 0,62 est

$$P(0,62) = 0,62 \qquad \text{(table des probabilités des écarts).}$$

Autrement dit, la probabilité d'un écart supérieur à 0,62 est 0,38. L'écart de Buffon n'a rien d'excessif, puisque 38 fois sur 100 on trouverait un écart supérieur à lui. Avec la perfection connue des monnaies, il est à peu près certain que la pièce de Buffon ne favorisait pas face.

Pourtant Poisson calcule la probabilité qu'elle favorise face. Soit $\frac{1}{2} + z$ la probabilité que la pièce de Buffon donne à l'arrivée de face. *Toutes les valeurs de z entre* $-\frac{1}{2}$ et $+\frac{1}{2}$ *sont supposées également probables.* Là est l'hypothèse arbitraire, évidemment contraire à la vérité. Elle ramène le problème à celui de Bayes.

La probabilité que z soit positif peut être calculée; on trouve 0,81. Il y aurait 81 à parier contre 100 que la pièce de Buffon favorisait face. Résultat déraisonnable !

Poussons les choses à l'extrême: on fait une seule épreuve, c'est face qui sort. Cela ne prouve rien. Pourtant, le calcul de Poisson donnerait $p = \frac{1}{4}$ pour que la pièce favorise face. Cela suffit à condamner le calcul de Poisson.

129. Le soleil se lèvera-t-il demain (1) ? — Personne n'en doute. Pourtant Laplace a cherché la probabilité de l'événement futur déduite des événements passés. Il a trouvé le chiffre 0,999999543, presque la certitude. Le résultat n'est pas déraisonnable, mais le raisonnement est mauvais pour la raison que je vais dire : le soleil, brillant depuis 6000 ans, s'est montré 2 191 500 fois. Il n'a jamais manqué, c'est la base très légitime du calcul. Mais Laplace, sans justifier son hypothèse, sans même la dire, assimile les levers successifs du soleil à des tirages faits dans une urne de composition déterminée, prise elle-même au hasard parmi des urnes très nombreuses offrant toutes les compositions diverses, toutes ces compo-

(1) BERTRAND, *loc. cit.*, p. 173.

sitions étant également fréquentes dans la collection des urnes. L'assimilation n'étant pas légitime, le résultat est sans valeur.

130. **La question de Mitchell sur les étoiles doubles** (1). — Les étoiles doubles sont-elles vraiment voisines, comme elles paraissent, ou sont-elles éloignées l'une de l'autre, leur rapprochement apparent étant dû au voisinage fortuit des rayons visuels? En d'autres termes, les étoiles doubles sont-elles l'effet du hasard ou bien doivent-elles être attribués à une cause spéciale? En dehors des renseignements qu'on peut chercher dans l'observation, quel secours offre la théorie des probabilités dans cette question d'astronomie? Voici la solution de Mitchell :

Il compare, deux nombres : d'une part, la fréquence des étoiles doubles, entendant par là, par exemple, les couples d'étoiles rapprochées à moins de 10′ dans l'hémisphère visible en un lieu ; d'autre part, la probabilité de ce rapprochement. La différence des deux nombres est l'écart. La loi de Bernoulli fait connaître la probabilité que cet écart ne soit pas atteint.

Pour la fréquence, il n'y a qu'à compter; sur la probabilité est toute la difficulté. Le principe admis est celui-ci :

Une première étoile étant placée, une autre a autant de chances de tomber sur une portion de la sphère céleste que sur une autre portion de même étendue superficielle. Dans cette hypothèse, la probabilité d'une distance inférieure à 10′ se calcule aisément; c'est le quotient de la calotte correspondante à l'angle $\gamma = 10'$ par la surface de la demi-sphère. Ces deux calottes sont entre elles comme leurs hauteurs. La probabilité cherchée est donc

$$p = 1 - \cos\gamma = \frac{\gamma^2}{2}; \text{ soit pour } \gamma = 10' = 0{,}0029$$

$$p = 0{,}000\,004\,23.$$

Qu'on se borne aux étoiles des trois premières grandeurs, on en compte 230; on peut former avec elles $\frac{230 \times 229}{2} = 26335$ couples. On a donc là

$$n = 26335$$

(1) BERTRAND, *loc. cit.*, p. 169. — BOREL, *loc. cit.*, p. 179.

épreuves du phénomène dont la probabilité est $p = 0{,}0000423$.

Aucun couple d'étoiles doubles n'est à prévoir parmi ces épreuves, car s'il s'en trouvait un, la fréquence des étoiles doubles aurait la valeur excessive

$$f = \frac{1}{26335} = 0{,}0000379\text{5},$$

et il en résulterait un écart brut

$$x = f - p = 0{,}0000337\text{2}.$$

D'autre part, l'écart étalon a pour valeur

$$e = \sqrt{\frac{2p(1-p)}{n}} = 0{,}0000179.$$

L'écart réduit aurait donc pour valeur

$$t = \frac{x}{e} = \frac{337}{179} = 1{,}885.$$

A cette valeur correspond la probabilité

$$\mathrm{P}(t) = 0{,}992.$$

Ainsi, il y a plus de 99 à parier contre 1 que, dans l'hypothèse de Mitchell, on ne trouve pas d'étoile double parmi les étoiles des trois premières grandeurs.

L'indication est intéressante, mais le chiffre est sans valeur. Il suffit de regarder le ciel pour voir combien est fausse l'hypothèse fondamentale. Les étoiles ne sont pas également réparties sur la sphère céleste. La main qui a lancé la poignée des étoiles au hasard les a groupées d'une façon plus dense dans certaines régions que dans d'autres. La voie lactée est privilégiée. Le calcul n'en tient pas compte. Le problème, comme ceux du paragraphe précédent, est mal posé. On l'a précisé d'une façon arbitraire, visiblement contraire à la vérité naturelle. La solution ne peut pas convenir.

Table (1) des probabilités des écarts, d'après la formule réduite

$$P = \frac{2}{\sqrt{\pi}} \int_0^t e^{-t^2} dt.$$

t	0	1	2	3	4	5	6	7	8	9	d
0,0	0,0000	0113	0226	0338	0451	0564	0676	0789	0901	1013	112
1	1125	1236	1348	1459	1569	1680	1790	1900	2009	2118	109
2	2227	2335	2443	2550	2657	2763	2869	2974	3079	3183	103
3	3286	3389	3491	3593	3694	3794	3893	3992	4090	4187	97
4	4284	4380	4475	4569	4662	4755	4847	4937	5028	5117	88
0,5	0,5205	5292	5379	5465	5549	5633	5716	5798	5879	5959	80
6	6039	6117	6194	6270	6346	6420	6494	6566	6638	6708	70
7	6778	6847	6914	6981	7047	7112	7175	7238	7300	7361	60
8	7421	7480	7538	7595	7651	7707	7761	7814	7867	7918	51
9	7969	8019	8068	8116	8163	8209	8254	8299	8342	8385	42
1,0	0,8427	8468	8508	8548	8586	8624	8661	8698	8733	8768	34
1	8802	8835	8868	8900	8931	8961	8991	9020	9048	9076	27
2	9103	9130	9155	9181	9205	9229	9252	9275	9297	9319	21
3	9340	9361	9381	9400	9419	9438	9456	9473	9490	9507	16
4	9523	9539	9554	9569	9583	9597	9611	9624	9637	9649	12
1,5	0,9661	9673	9684	9695	9706	9716	9726	9736	9745	9755	8
6	9763	9772	9780	9788	9796	9804	9811	9818	9825	9832	6
7	9838	9844	9850	9856	9861	9867	9872	9877	9882	9886	5
8	9891	9895	9899	9903	9907	9911	9915	9918	9922	9925	3
9	9928	9931	9934	9937	9939	9942	9944	9947	9949	9951	2
2,	0,9953	9970	9981	9989	9993	9996	9998	9999	9999	×0000	

$$\frac{2}{\sqrt{\pi}} \int_0^x e^{-x^2} dx = a_1 x - a_3 x^3 + a_5 x^5 - \ldots = 1 - e^{-x^2}\left(\frac{b_1}{x} - \frac{b_3}{x^3} + \frac{b_5}{x^5} - \ldots\right).$$

$$a_{2n+1} = \frac{2}{1.2.3\ldots n.(2n+1)\sqrt{\pi}}, \qquad b_{2n+1} = \frac{1.3.5\ldots(2n-1)}{2^n\sqrt{\pi}}.$$

a_1	0,0524 5506	a_9	$\bar{3}$,7180 0131	b_1	$\bar{1}$,7514 2506	b_9	0,5684 9438
a_3	$\bar{1}$,5753 3380	a_{11}	$\bar{4}$,9318 8113	b_3	$\bar{1}$,4503 9507	b_{11}	1,2217 0689
a_5	$\bar{1}$,0524 5506	a_{13}	$\bar{4}$,0811 7921	b_5	1,6264 8633	b_{13}	1,9620 6958
a_7	$\bar{2}$,4292 0577	a_{15}	$\bar{5}$,1739 3326	b_7	0,0244 2634	b_{15}	2,7749 8294

Application. — Trouver la probabilité P que l'écart réduit t ne surpasse pas 0,42.

Descendez la première colonne jusqu'au nombre 0,4 ; suivez la ligne horizontale vers la droite jusqu'à la colonne qui a pour en-tête le chiffre 2 ; vous trouverez la probabilité cherchée P = 0,4475.

---

(1) Houël, *Recueil de formules et de tables numériques*. Paris, Gauthier-Villars, 3e édition, 1901. Au bas de la Table des probabilités sont les renseignements relatifs aux calculs qui ont servi à la construire.

FIN.

TABLE DES MATIÈRES.

CHAPITRE I.

Les principes.

§ 1. La loi du hasard.

§ 2. Le théorème de Jacques Bernoulli.

§ 3. La loi de Bernoulli pour la probabilité de l'écart d'une longue série. Règle de l'écart étalon.

CHAPITRE III.

Problème de l'ajustement.

§ 1. AJUSTEMENT A UNE SEULE INCONNUE. PROBLÈME GÉNÉRAL DE LA MOYENNE.

§ 2. PROBLÈME GÉNÉRAL DE L'AJUSTEMENT. MÉTHODE DES MOINDRES CARRÉS.

§ 3. LA MÉTHODE DES DIFFÉRENCES POUR LES CALCULS D'AJUSTEMENT.

CHAPITRE IV.

Les limites du calcul des probabilités et les abus qu'on en a faits

§ 1. Probabilités mal définies.

§ 2. Probabilités des causes.

FIN DE LA TABLE DES MATIÈRES.

46704. — PARIS, IMPRIMERIE GAUTHIER-VILLARS,
55, quai des Grands-Augustins.